"十三五"国家重点出版物出版规划项目
气候变化对我国主要粮食作物影响研究丛书

气候变化对中国华北冬小麦影响研究

Climate Change Impacts on Wheat Production in North China

杨晓光 孙 爽 赵 锦 李克南 郑冬晓 著

U0351156

气象出版社
China Meteorological Press

内 容 简 介

本书以气候变化对华北冬小麦影响为主线，明确了气候变化对冬小麦种植北界的影响，定量了气候变化对冬小麦生育进程和产量的影响程度，揭示了冬小麦各级产量潜力及其适宜性，解析了冬小麦各级产量差的限制因素，评估了干旱和冻害演变特征及其对冬小麦产量的影响，提出华北冬小麦应对气候变化策略。

本书具有很强的研究系统性和创新性，可供高等院校、科研机构、气象与农业管理部门的科技工作者及关注气候变化与冬小麦生产的相关人员参考。

图书在版编目（ＣＩＰ）数据

气候变化对中国华北冬小麦影响研究 / 杨晓光等著
. -- 北京 ：气象出版社，2021.11
ISBN 978-7-5029-7594-4

Ⅰ．①气… Ⅱ．①杨… Ⅲ.①气候变化－影响－冬小麦－研究－华北地区 Ⅳ．①S512.1

中国版本图书馆CIP数据核字(2021)第225434号

气候变化对中国华北冬小麦影响研究
Qihou Bianhua dui Zhongguo Huabei Dongxiaomai Yingxiang Yanjiu

出版发行：**气象出版社**

地 址：北京市海淀区中关村南大街 46 号 邮政编码：100081
电 话：010-68407112（总编室） 010-68408042（发行部）
网 址：http://www.qxcbs.com E-mail：qxcbs@cma.gov.cn
责任编辑：张 斌 终 审：吴晓鹏
责任校对：张硕杰 责任技编：赵相宁
封面设计：博雅思企划
印 刷：北京地大彩印有限公司
开 本：787 mm×1092 mm 1/16 印 张：9.5
字 数：243 千字
版 次：2021 年 11 月第 1 版 印 次：2021 年 11 月第 1 次印刷
定 价：80.00 元

前　　言

　　小麦是全球 25 亿人口的主粮，满足人类 20％卡路里和蛋白质需求，也是我国重要的商品粮。华北作为我国冬小麦的主产区，在国家口粮安全中占有举足轻重地位。全球气候变化背景下，华北冬小麦生长季内光、温、水等气候要素及其时空配置发生显著变化，加之极端天气气候事件频发，对冬小麦生长发育和产量形成产生深刻影响。明确气候变化对华北冬小麦种植格局和单产的影响，定量冬小麦各级产量潜力和产量提升空间，揭示农业气象灾害变化特征及其对冬小麦产量影响程度，提出科学应对气候变化策略，是华北冬小麦生产充分利用农业气候资源、优化种植结构、科学应对气候变化，提高产量和防灾避害能力，保障国家口粮安全以及实现"碳中和"国家战略目标的基础研究内容。

　　研究团队围绕气候变化对粮食作物影响与适应持续开展研究，陆续出版了《中国气候资源与农业》《气候变化对中国种植制度影响研究》《中国南方季节性干旱特征及种植制度适应》和《气候变化对中国东北玉米影响研究》等专著。在气象出版社支持下，本书入选"十三五"国家重点出版物出版规划项目，作为"气候变化对我国主要粮食作物影响研究丛书"的第二部，主要从气候变化背景下农业气候资源、种植北界、产量及限制因素、适宜种植区、干旱和冻害影响等方面，系统论述了气候变化和农业气象灾害对华北冬小麦的影响及其适应途径。

　　"气候变化对我国主要粮食作物影响研究丛书"是在国家全球变化专项"气候变化对我国粮食生产系统的影响机理及适应机制研究"、973 项目"主要粮食作物高产栽培与资源高效利用的基础研究"、公益性行业（气象）科研专项"黄淮海地区冬小麦农业气象指标体系研究"、"十二五"国家科技支撑计划"重大突发性自然灾害预警与防控技术研究与应用"、"十三五"国家重点研发计划"粮食作物产量与效率层次差异及其丰产增效机理"、国家重点研发计划全球变化及应对专项"全球变化对粮食产量和品质的影响研究"（2019YFA0607400）等项目资助下，以及中国农业大学 2115 人才工程的支持下完成的。借此系列图书出版之际，谨向唐华俊院士、张福锁院士、毛留喜研究员、李茂松研究员、周文彬研究员和吴文斌研究员等专家对研究工作的支持与指导表示衷心的感谢！

　　团队虽在气候变化对粮食作物影响与适应领域竭尽所能开展研究，但由于研究的阶段性，以及气候变化和作物生产过程的复杂性，关于气候变化对华北冬小麦影响及适应领域研究和认识还有待不断深入，恳请广大同仁和读者批评指正，以便后续修订，更好地促进粮食作物适应气候变化科学研究。

著者

2021 年 6 月

目　　录

第 1 章 绪 论

1.1 华北自然资源概况和农业生产现状

1.1.1 自然资源概况

（1）行政区和地理位置

在综合考虑华北平原范围、华北行政地理分区以及冬小麦种植区的基础上，本书的华北特指河北省、山东省、河南省、北京市和天津市三省两市，地理位置为 31°～43°N，110°～123°E，区域面积约 54 万 km²。华北地势平坦，除河北西北部、山东中部和河南西南部外，其他区域均为平原。

（2）气候资源

华北地处中国东部季风区中纬度地带，属大陆季风性暖温带气候，冬季寒冷干燥，夏季高温多雨，热量和光照资源比较丰富。1981—2019 年冬小麦生长季内（10 月至第二年 6 月），平均气温为 8.9 ℃（范围为 0.4～12.5 ℃），南高北低；气温日较差平均为 10.51 ℃（范围为 5.0～12.5 ℃），北高南低、西高东低；太阳总辐射为 3471.7 MJ·m⁻²（范围为 3051.4～4052.3 MJ·m⁻²），北高南低、东高西低；降水量为 265.3 mm（范围为 153.3～639.8 mm），南多北少。

（3）水资源

华北为中国水资源供需矛盾非常突出的地区（夏军，2002）。根据 2019 年度《中国水资源公报》和《2020 中国统计年鉴》统计数据，2019 年华北年水资源总量为 510.0 亿 m³，仅占全国水资源总量的 1.8%，人均为 164.4 m³，远低于全国人均的 2077.7 m³，其中，全年地表水和地下水资源量分别为 290.6 亿和 374.2 亿 m³，分别占全国地表水和地下水资源总量的 1.0% 和 4.6%，地表水相对更为匮乏；年降水量平均为 494.6 mm，低于 651.3 mm 的全国平均值（表 1.1）。

华北 2019 年用水总量为 715.5 亿 m³（用水总量等于供水总量），超出本地区水资源总量，占比为 140.3%；其中，地下水源供水量占供水总量的 42.9%，远超全国地下水源供水量占供水总量的百分比（15.5%），常年超采地下水，在华北平原形成了全球最大的地下水漏斗区。华北农业用水量占用水总量的 54.1%，略低于全国平均的 61.2%，各省（市）比例有所不同，其中，河北和山东超过全国平均（表 1.2）。

表 1.1 2019 年华北三省两市水资源状况

地区	降水量 （mm）	地表水资源量 （亿 m³）	地下水资源量 （亿 m³）	水资源总量 （亿 m³）	人均水资源量 （m³）
北京	506.0	8.6	24.7	24.6	114.2
天津	436.2	5.1	4.2	8.1	51.9
河北	442.7	51.4	97.8	113.5	149.9
山东	558.9	119.7	128.4	195.2	194.1
河南	529.1	105.8	119.1	168.6	175.2
华北	494.6	290.6	374.2	510.0	164.4
全国	651.3	27993.3	8191.5	29041.0	2077.7

资料来源：2019 年度《中国水资源公报》。

表 1.2 2019 年华北三省两市及全国供水用水对比

地区	供水量				用水量		
	地表水 （亿 m³）	地下水 （亿 m³）	供水总量 （亿 m³）	地下水源供水量占供水 总量的百分比（%）	农业用水量 （亿 m³）	用水总量 （亿 m³）	农业用水量占用水 总量的百分比（%）
北京	15.1	15.1	41.7	36.2	3.7	41.7	8.9
天津	19.2	3.9	28.4	13.7	9.2	28.4	32.4
河北	78.3	96.4	182.3	52.9	114.3	182.3	62.7
山东	137	78.7	225.3	34.9	138.2	225.3	61.3
河南	117.4	112.5	237.8	47.3	121.8	237.8	51.2
华北	367	306.6	715.5	42.9	387.2	715.5	54.1
全国	4982.5	934.2	6021.2	15.5	3682.3	6021.2	61.2

资料来源：2019 年度《中国水资源公报》。

（4）地形地貌和土壤类型

华北以平原和山地为主。其中，京津冀地区地势西北高、东南低，由西北向东南倾斜，地貌复杂多样，主要由坝上高原、太行山和燕山山地、华北北部平原、渤海滨海平原组成，平原面积占河北省总面积的 43.4%。山东省境内地貌复杂，可分为中山、低山、丘陵、台地、盆地、山前平原、黄河冲积扇、黄河平原、黄河三角洲等 9 个基本地貌类型，平原面积占全省面积的65.56%，主要分布在鲁西北地区和鲁西南局部地区。河南省地势西高东低，北、西、南三面由太行山、伏牛山、桐柏山、大别山沿省界呈半环形分布；中、东部为黄淮海冲积平原；西南部为南阳盆地。

依据全国土壤普查办公室 1995 年编制并出版的《1：100 万中华人民共和国土壤图》，华北土壤类型以潮土、褐土和棕壤为主，合计 3615.5 万 hm²，占华北总面积的 67.0%，其中，潮土分布最广，占 33.2%；褐土其次，占 22.5%。不同省份各类土壤所占比例不同，占各省（市）面积超过 5% 的土类如下：北京为褐土、潮土、棕壤和粗骨土；天津为潮土、滨海盐土和褐土；河北为褐土、潮土、棕壤和栗钙土；山东为潮土、棕壤、粗骨土、褐土、砂姜黑土和滨海盐土；河南为潮土、褐土、黄褐土和砂姜黑土（表 1.3）。

表 1.3 　华北土壤类型分布

土类	北京		天津		河北		山东		河南	
	面积 （万 hm²）	比例 （%）	面积 （万 hm²）	比例 （%）	面积 （万 hm²）	比例 （%）	面积 （万 hm²）	比例 （%）	面积 （万 hm²）	比例 （%）
潮土	38.0	23.2	89.6	74.9	544.1	28.9	599.3	38.1	521.9	31.5
褐土	96.0	58.6	8.3	6.9	599.7	31.9	213.9	13.6	298.3	18.0
棕壤	13.8	8.4	0.2	0.2	235.0	12.5	284.2	18.1	73.2	4.4
粗骨土	10.7	6.5	—	—	90.3	4.8	216.2	13.7	59.3	3.6
黄褐土	—	—	—	—	—	—	—	—	231.3	14.0
砂姜黑土	0.5	0.3	0.8	0.7	—	—	83.3	5.3	166.5	10.1
滨海盐土	—	—	9.2	7.7	25.3	1.3	82.5	5.2	—	—
栗钙土	—	—	—	—	142.9	7.6	—	—	—	—

1.1.2 　农业生产现状

（1）基本概况

华北耕地面积约为 2287 万 hm²，占全国耕地面积的 17.0%（2017 年统计资料）；华北常住人口为 3.1 亿人，占到全国总人口的 22.2%，总体呈现地少人多的状况。根据《2020 中国统计年鉴》，2019 年华北粮食总产量 1.60 亿 t，占全国的 24.2%；其中，河南、山东和河北均为产粮大省，分别为 0.67 亿、0.54 亿和 0.37 亿 t。

华北以冬小麦—夏玉米一年两熟种植体系为主，是中国最重要的冬小麦生产基地，其中，冬小麦播种面积和总产分别占全国的 51% 和 59%（国家统计局，2020）。农业耕地面积减少、施肥过量、劳动力流失、地下水位下降等问题，限制该区域农业可持续发展（李振声，1992；张宇，1995；李国祥，1999；任思洋 等，2019）。

（2）主要作物

根据《2020 中国统计年鉴》及各省（市）统计年鉴资料，2019 年华北粮食作物播种面积为 2590.23 万 hm²，包括小麦、玉米、水稻、豆类、薯类等（图 1.1 和表 1.4），其中，河南省的粮食作物播种面积最大，占华北总播种面积的 41.44%；山东次之，占 32.09%；京津冀最小，占 26.46%。

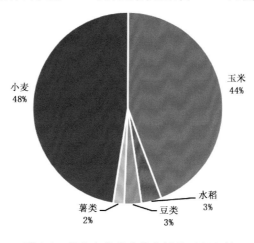

图 1.1 　华北各类粮食作物播种面积比例

表 1.4　2019 年华北主要粮食作物播种面积

地区	项目	粮食作物	小麦	玉米	水稻	豆类	薯类
京津冀	播种面积(万 hm²)	685.48	243.15	362.27	12.37	13.25	22.51
	占华北总播种面积比例(%)	26.46	20.03	32.14	14.45	17.71	48.83
山东省	播种面积(万 hm²)	831.28	400.18	384.65	11.56	18.78	12.32
	占华北总播种面积比例(%)	32.09	32.96	34.13	13.51	25.1	26.72
河南省	播种面积(万 hm²)	1073.45	570.67	380.13	61.66	42.8	11.27
	占华北总播种面积比例(%)	41.44	47.10	33.73	72.04	57.20	24.45
华北	总播种面积(万 hm²)	2590.21	1214	1127.05	85.59	74.83	46.1

《2020 中国统计年鉴》资料显示,华北种植的主要粮食作物中,小麦的播种面积最大,为 1214 万 hm²,各省(市)小麦播种面积由高到低依次为河南省(570.67 万 hm²)、山东省(400.18 万 hm²)、京津冀(243.15 万 hm²);玉米的播种面积位居第二,为 1127.05 万 hm²,各省(市)玉米播种面积相差不大;水稻和豆类作物主要分布于河南省,播种面积分别为 61.66 万和 42.8 万 hm²,山东省水稻和豆类作物播种面积分别为 11.56 万和 18.78 万 hm²,京津冀水稻和豆类作物播种面积分别为 12.37 万和 13.25 万 hm²;薯类作物在华北播种面积最小,为 46.1 万 hm²,且 48.83% 分布于京津冀地区,山东省和河南省薯类播种面积相差不大,分别为 12.32 万和 11.27 万 hm²。

华北主要经济作物包括油料、糖料、棉花、麻类、烟叶、蔬菜、瓜果等。从经济作物的种植结构来看(表 1.5),蔬菜作物播种面积最大,为 406.71 万 hm²,占全国蔬菜播种面积的 19.49%;其次为油料作物和瓜果类作物,分别为 258.29 万和 229.28 万 hm²,分别占全国油料作物和瓜果类作物播种面积的 19.98% 和 18.68%;棉花、茶叶和烟叶次之,播种面积分别为 42.11 万、13.95 万和 10.43 万 hm²,分别占全国棉花、茶叶和烟叶播种面积的 12.61%、4.49% 和 10.16%;糖料和麻类作物播种面积最小,分别为 1.4 万和 0.28 万 hm²,分别仅占全国糖类和麻类作物播种面积的 0.87% 和 4.24%。

表 1.5　2019 年华北主要经济作物播种面积

地区	项目	油料	棉花	麻类	糖料	烟叶	瓜果	蔬菜	茶叶
京津冀	播种面积(万 hm²)	36.68	21.8	0	1.24	0	118.46	87.3	—
	占华北播种面积比例(%)	14.2	51.77	0	88.57	0	51.67	21.46	—
山东	播种面积(万 hm²)	68.22	16.93	0	—	1.78	65.26	146.12	2.55
	占华北播种面积比例(%)	26.41	40.2	0	—	17.07	28.46	35.93	18.28
河南	播种面积(万 hm²)	153.39	3.38	0.28	0.16	8.65	45.56	173.29	11.4
	占华北播种面积比例(%)	59.39	8.03	1	11.43	82.93	19.87	42.61	81.72
华北	播种面积(万 hm²)	258.29	42.11	0.28	1.4	10.43	229.28	406.71	13.95
	占全国播种面积比例(%)	19.98	12.61	4.24	0.87	10.16	18.68	19.49	4.49

油料作物主要分布于河南省,播种面积为 153.39 万 hm²,占华北播种面积的 59.39%;棉花主要分布于京津冀地区,播种面积为 21.8 万 hm²,占华北播种面积的 51.77%;麻类仅在河南有少量种植,播种面积为 0.28 万 hm²;糖料作物在华北播种面积较小,且主要分布在京津冀

地区,占华北播种面积的 88.57%;烟叶主要分布于河南,播种面积为 8.65 万 hm²,占华北播种面积的 82.93%;瓜果类作物主要分布于京津冀地区,播种面积为 118.46 万 hm²,占华北播种面积的一半;蔬菜作物各地播种面积都较大,其中河南播种面积最大,为 173.29 万 hm²,占华北播种面积的 42.61%,山东和京津冀播种面积分别为 146.12 万和 87.3 万 hm²,分别占华北播种面积的 35.93% 和 21.46%;茶叶作物主要分布于河南,播种面积为 11.4 万 hm²,占华北播种面积的 81.72%(表 1.5)。

(3)灌溉条件和化肥投入

华北灌溉设施比较完善,1981—2010 年,有效灌溉面积占耕地面积的比例呈增加趋势,占耕地面积的 12%~100%。其中,河南省南部有效灌溉面积所占比例最低,低于 40%,由于其降水量较高,以雨养为主,灌溉基础设施相对薄弱。研究时段内华北有效灌溉面积占耕地面积比例增加最迅速,改雨养农业为灌溉农业,对于作物产量提升具有重要的作用。华北全区有 83.9% 的县有效灌溉面积占耕地面积的一半以上,其中,有 26.6% 的县有效灌溉面积所占比例高于 80%,主要分布在京津冀中南部、山东东部及河南北部,这些区域灌溉基础设施好,虽然 1981—2010 年有效灌溉面积增加趋势较小;但有 18.8% 的县有效灌溉面积所占比例已在 70%~80%,这些地区有效灌溉面积缓慢增加,到 21 世纪第 2 个 10 年有效灌溉面积占耕地面积比例大于 80% 的地区扩大到了 39.8% 的县;华北三省两市中,京津冀地区有效灌溉面积占耕地面积比例最高(图 1.2)。

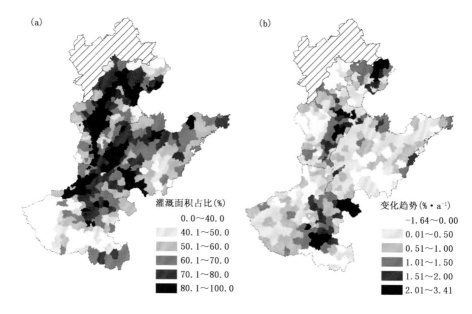

图 1.2　1981—2010 年华北各县灌溉面积占耕地面积的百分比(a)及其变化趋势(b)
(图中斜线部分表示非研究区域,下同)

1981—2010 年,华北作物产量快速增加的重要原因之一是水肥投入增加,尤其是化肥投入增加。统计资料显示,1981—2010 年,河北、山东和河南三省化肥投入量(为折纯量,下同)呈极显著增加趋势,特别是河南省更为明显,2010 年化肥使用量为 1981 年的 7.9 倍;河北省较其他两个省份,化肥使用量相对最低,1996 年增加趋势出现拐点,之前每年增加 9.69 万 t,

之后每年增加 4.68 万 t；山东省化肥使用量在 20 世纪 80 和 90 年代高于河南省，到 21 世纪初低于河南省，2007—2010 年，化肥使用量趋于稳定（图 1.3）。

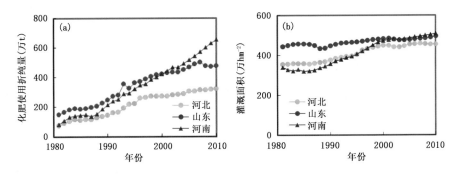

图 1.3　华北各省化肥投入量(a)及其灌溉面积(b)时间变化趋势

（4）农业经济

华北以平原为主，土质肥沃，为农林牧渔业提供了优越的发展条件，是我国重要的粮棉油生产基地。依据《2020 中国统计年鉴》数据统计，2019 年，华北国内生产总值为 209906.8 亿元，占全国国内生产总值的 21.18%。广义农业（包括农林牧渔业）在其产值的组成中，农业、林业、牧业、渔业产值在全国的占比依次为 20.8%、12.3%、20.91% 和 14.36%，均低于华北在全国的占比。京津冀、山东和河南各省（市）之间经济总量差异明显，以京津冀国内生产总值最高，为 84580.1 亿元；其次是山东，为 71067.5 亿元；河南最低，为 54259.2 亿元。但河南省农业产值占本省国内生产总值比例最高，为 9.97%，山东省和京津冀分别为 6.92% 和 4.04%（表 1.6）。

表 1.6　2019 年华北农业经济状况　　　　　　　　　　　　　　单位：亿元

地区	国内生产总值	农业总产值	林业总产值	牧业总产值	渔业总产值	农业总产值占本区域国内生产总值比例(%)
京津冀	84580.1	3420.1	371.9	2185.1	289.2	4.04
山东省	71067.5	4914.4	197.7	2412.1	1397.4	6.92
河南省	54259.2	5408.6	140.8	2316.5	118.2	9.97
华北	209906.8	13743.1	710.4	6913.7	1804.8	6.55
全国	990865.1	66066.5	5775.7	33064.3	12572.4	6.67
占全国比例(%)	21.18	20.8	12.3	20.91	14.36	—

注：表中"农业总产值占本区域国内生产总值比例"中农业总产值仅指狭义的农业总产值，不包括林业、牧业和渔业。

1.2　气候变化对华北冬小麦影响研究进展

1.2.1　气候变化对冬小麦种植界限影响研究进展

冬小麦受气候条件、品种越冬特性和栽培技术等因素综合影响而具有种植界限和适宜种植区（邹立坤 等，2001）。20 世纪 30 年代沈宗瀚（1937）对中国小麦种植适宜性分区进行了初步研究，20 世纪 60 年代金善宝（1961）第一次系统地将中国小麦栽培区域划分为 3 大主区 10

个亚区,为我国小麦种植分区研究奠定了基础。崔继林等(1955)和黄季芳等(1956)依据冬小麦不同品种春化温度和时间需求,将冬小麦划分为春性、半冬性、冬性和强冬性 4 种类型。中国农林作物气候区划协作组(1987)根据春化指标和冻害指标进行冬小麦不同冬春性品种气候区划,其后,苗果园等(1993)进行了冬小麦品种温光生态区划,田良才等(1996)综合小麦气候生态和栽培条件适应性,以及植株形态结构和品质状况,建立了小麦生态分类体系。

近年来,随着气候变暖、抗寒性品种培育以及栽培技术进步,冬小麦种植北界和种植区不断发生变化(邹立坤 等,2012)。目前,针对气候变化背景下冬小麦种植界限和可种植区域时空变化的研究,大多是以气象观测数据为基础,选取影响冬小麦能否安全种植的气候指标和阈值来开展研究(郝志新 等,2001;王培娟 等,2012;李祎君 等,2013;张梦婷 等,2017)。李元华等(2005)以 1 月平均气温为指标分析了河北省冬小麦种植北界变化。结果表明,20 世纪 50 年代冬小麦种植北界在长城以南,90 年代种植北界扩展到 41°N 附近,与 50 年代相比向北推移了 30~50 km。邹立坤等(2012)基于河北省北部气象资料和多点田间试验,结合小麦抗寒生理特性,建立了冬小麦抗寒性模型,利用该模型决策出河北省冬麦北移安全北界为 41°N 以南的坝下地区。王连喜等(2017)以冬前积温、1 月平均气温、越冬期负积温和全生育期积温为指标,分析了 1961—2010 年京津冀地区冬小麦可种植区域变化,结果表明不同年代际冬小麦可种植区域北界呈明显北移趋势,20 世纪 60—70 年代北移区集中在遵化以东地区,70—80 年代集中在密云以西地区,80—90 年代从蔚县以南至青龙一线均有北移现象,90 年代后冬小麦种植北界无明显变化。唐晓培等(2019)以最冷月平均气温、极端最低气温、冬前积温、越冬期负积温和全生育期积温为指标,分析了气候变化背景下黄淮海地区冬小麦种植北界的变化,结果显示,1961—1970 年黄淮海地区冬小麦种植北界主要分布于天津—河北霸州—保定—石家庄—邢台—山西临汾一线;1971—1980 年,种植北界在河北境内北移约 65 km,在山西境内北移约 40 km;1981—1990 年北界变化较小,仅在河北唐山附近略南移,山西运城附近略北移;1991—2000 年北界变化较大,尤以山西为最,将原本的正弦线趋势压缩为平滑的抛物线趋势,临汾附近南移,阳城附近北移;2001—2010 年北界略北移;2011—2017 年北界呈南移现象。陈实(2020)研究表明,2001—2019 年冬小麦可种植北界北移约 16 km,而实际冬小麦种植北界向南移动了 37 km。未来气候情景下(RCP8.5 情景),2011—2040 年华北地区冬小麦种植北界位于秦皇岛—唐山—北京—保定—石家庄一线;2041—2070 年,冬小麦种植北界在河北境内北移至遵化、青龙附近;2071—2100 年,种植北界北移至承德—丰宁—张家口—怀来—保定一带(唐晓培 等,2019)。

全球气候变暖背景下中高纬度地区作物生长季延长,为抗寒性弱的冬小麦品种向更高纬度扩展提供了可能。近年来,华北地区冬季气温升高,冬性较弱品种可安全越冬,穗分化提前,有利于冬小麦产量提升,因此,冬性相对较弱品种逐渐替代了原有品种,有效利用了气候变暖背景下增加的热量资源,提高了冬小麦产量(李阔 等,2017)。未来气候情景下,不同冬、春性品种适宜种植区域也将发生变化。胡实等(2017)研究结果表明,2000—2010 年强冬性品种主要分布在海河流域、黄河流域和山东半岛,冬性品种主要分布在淮河流域,半冬性品种仅在淮河流域南部有少量种植;未来气候情景下,强冬性品种种植北界将北移西扩,滦河和海河北系种植面积将扩大,而其种植区域的南界将可能北退,冬性品种种植范围将由淮河流域移至海河流域,半冬性品种种植北界将北移至海河南系南部,淮河流域南部的部分区域将由于无法满足春化要求而不再适宜种植冬小麦。

在气候变化背景下华北地区冬小麦种植界限变化方面已做了较多研究,但大多数研究都是以 20 世纪 80 年代得到的冬小麦冻害指标为种植北界指标,而气候变化背景下不同冬春性品种越冬期抗冻能力发生了变化,且不同冬春性品种种植界限和可种植区域的变化特征尚缺乏系统研究。本书第 3 章在明确气候变化背景下华北冬小麦生长季内农业气候资源变化特征的基础上,基于 2011—2013 年人工控制试验得到的冬小麦越冬期冻害指标,分析华北冬小麦不同冬春性品种种植界限和可种植区域的变化,为华北冬小麦品种优化布局提供科学参考。

1.2.2 气候变化对冬小麦生长发育和产量影响与适应研究进展

华北是全球气候变化敏感区,同时也是中国受气候变化影响最敏感的地区之一,升温快且范围大,平均每 10 年升高 0.5 ℃(左洪超 等,2004),1961—2007 年华北呈暖干变暗的变化趋势(杨晓光 等,2011)。小麦是喜凉作物,对气候变化较为敏感,温度是气候变化中驱动小麦生育进程变化的主要因素。气候变暖背景下,中国冬小麦播种期、出苗期和越冬期延迟,返青期、开花期和成熟期提前;小麦营养生长阶段缩短,生殖生长阶段延长(Tao et al.,2012;Xiao et al.,2013;Li et al.,2015)。由于气候变化区域差异和冬小麦分布的差异性,气候变化对华北地区冬小麦生育期影响存在区域性差异。杨建莹等(2011)基于冬小麦生育期调研数据明确了华北地区冬小麦生育期的变化,研究结果表明,华北冬小麦播种期普遍推迟,西部地区冬小麦返青期推迟而东南部山东省冬小麦返青期则明显提前,拔节期提前,抽穗期推迟,以华北中部和北部最为明显,成熟期推迟,而气候要素波动是导致华北冬小麦生育期变化的主要原因,其中,日照时数与冬小麦返青期和拔节期呈显著相关,日照时数减少,冬小麦返青期和拔节期提前,而受年平均气温升高的影响,冬小麦抽穗期推迟,积温的增加对冬小麦成熟期有推迟作用。Tao 等(2006)选取河南郑州为典型站点分析了气候变化对冬小麦生育期的影响,研究结果表明,冬小麦开花期与冬季和春季日最低气温显著相关,冬小麦成熟期与春季日最高气温显著相关,冬小麦产量与冬季、春季日最高气温和日最低气温均呈负相关,冬小麦产量与冬季和春季降水量呈正相关。

温度升高主要通过加速生育进程、缩短生育周期、加重热量和水分胁迫及病虫害等多种机制造成小麦产量降低(Xiao et al.,2013)。针对温度对小麦产量影响的研究较多,Zhao 等(2016)采用 Meta 分析方法综合中国已发表的 46 个大田增温试验和 102 个模型(作物机理模型及经验统计模型),结果显示目前作物模型高估了增温对中国小麦产量的负面影响。进一步研究发现,气温升高对小麦产量影响具有明显区域性差异。中国大部分地区,增温导致小麦减产,但在生长季温度相对较低且水分充足的东南部地区,增温一定程度上促进了小麦产量的增加(Zhao et al.,2016)。与日最低气温升高造成产量的减少相比,日最高气温的升高使得小麦减产幅度更大(Jalota et al.,2013)。

气候变化对冬小麦不同生育阶段影响也各不相同,Chen 等(2013)研究表明,冬小麦越冬前温度升高可减轻越冬冻害影响,而越冬后温度的升高加速冬小麦生育进程,造成冬小麦产量下降。

已有研究表明,温度变化对作物影响高于降水的影响程度(Lobell et al.,2011)。中国华北属于大陆季风性暖温带气候,降水变异较大且时空分布不均匀,常年降水并不能满足小麦正常生长发育对水分的最低需求,灌溉是确保小麦高产稳产的主要措施之一。此外,二氧化碳浓度升高可促进小麦光合作用,提高生物量、产量以及水分利用效率(Kimball et al.,2002),同时提高叶面积指数和辐射利用效率(Manderscheid et al.,2003),但对小麦生育进程没有直接影响(Batts et al.,1997)。二氧化碳对作物产量影响的变异性较大,且受其他环境因子的综合作用(Long et al.,2006)。已有研究表明,在低光强下二氧化碳浓度升高对作物生物量的影响减弱,在水分胁迫环境下二氧化碳浓度升高对作物生物量的影响更大(Leakey et al.,2009;Sun et al.,2009;Dias de Oliveira et al.,2013)。在养分受限制条件下,二氧化碳浓度升高对产量的促进效应减弱,升高的臭氧浓度也限制二氧化碳浓度升高对产量的正效应(Amthor,2001)。澳大利亚南部半干旱环境下 3 年的 FACE(Free-Air CO_2 Enrichment)试验研究表明,二氧化碳浓度升高使小麦拔节期和开花期的生物量、开花期的叶面积指数以及产量提高,小麦耗水量降低而水分利用效率升高(O'Leary et al.,2015)。

大量研究表明,气候变化对小麦产量的影响总体是负效应(Lobell et al.,2007;You et al.,2009;Lobell et al.,2011;Tao et al.,2012;Asseng et al.,2015),最近几十年,气候波动性对作物产量的影响越来越受到关注(Asseng et al.,2011;Liu et al.,2014;Ray et al.,2015)。温度变异对小麦产量呈显著负面影响(Zhong et al.,2008;Asseng et al.,2011;Liu et al.,2014;Ji et al.,2017)。Ray 等(2015)研究表明,全球尺度上小麦产量变异的约 36% 是由于气候变异导致的,其中,中国小麦产量变异的 31% 是由于气候变异引起的。

气候变化背景下,如何适应气候变化,以保障小麦生长发育和产量提高,已有的研究结果表明,新品种选育以及栽培技术进步在全球粮食作物产量提升以及缓解气候变化带来的负面影响中发挥了重要作用(Cassman et al.,2003;李振声,2010;何中虎 等,2011;Li et al.,2014;Xiao et al.,2013)。中国小麦育种进展可分为抗病稳产、矮化高产和高产优质三个阶段(何中虎 等,2011),其中,品种产量潜力提升的主要原因为株高降低、收获指数提高、穗粒重增加(Zhou et al.,2007;Liu et al.,2010;Xiao et al.,2012)。前人围绕华北地区品种更替对小麦产量提升贡献研究部分结果如表 1.7 所示。调整播期、增加播密、水肥优化和病虫害防控等技术措施提高对华北地区冬小麦产量的提升效果显著(Sun et al.,2007;Xiao et al.,2013;Liu et al.,2015;Lu et al.,2015;Zhao et al.,2020)。

表 1.7　华北冬小麦品种更替对产量提升贡献

研究时段	区域	产量提升	参考文献
1940s—2010s	河南省	1.09%·a^{-1}(80 kg·hm^{-2}·a^{-1})	Zhang et al.,2016
1960—2000	北部冬麦区和黄淮冬麦区	0.48%~1.23%·a^{-1}(32.07~72.11 kg·hm^{-2}·a^{-1})	Zhou et al.,2007
1969—2006	山东省	0.85%·a^{-1}(62 kg·hm^{-2}·a^{-1})	Xiao et al.,2012
1979—2012	河北省栾城	3.27%·a^{-1}(153.8 kg·hm^{-2}·a^{-1})	Zhang et al.,2013
1981—2005	华北	5.0%~19.4%·a^{-1}(41.7~139.7 kg·hm^{-2}·a^{-1})	Li et al.,2015
1981—2010	黄淮冬麦区	0.88%·a^{-1}(51.7 kg·hm^{-2}·a^{-1})	Sun et al.,2018a
1991—2015	河南省郑州	1.90%·a^{-1}(112.1 kg·hm^{-2}·a^{-1})	宋晓 等,2018

前人在气候变化对华北地区冬小麦影响与适应方面做了大量的研究,但由于数据年限不同,已有研究成果在时间和空间尺度上仍缺乏系统性和可比性,尤其是针对气候变化对冬小麦高产和稳产的影响的综合评估明显不足。本书第 4 章在明确气候变化对华北冬小麦生育期、产量及产量稳定性影响基础上,评估冬小麦品种更替和播种期调整适应气候变化效应,为冬小麦应对气候变化提供科学参考。

1.2.3　冬小麦产量潜力及产量限制因素研究进展

作物产量潜力研究最早起源于 1840 年德国化学家 Liebig 提出的"最小养分律"(Liebig,1980)。在此基础上不断发展,到 19 世纪 20 年代初,研究主要集中在作物产量潜力与辐射的关系;随后考虑了温度对产量潜力的影响,采用温度影响函数对产量潜力进行校正,得到光温产量潜力;此后综合考虑光照、温度和降水等因素,将光温产量潜力订正为光温水产量潜力,使研究更接近于实际产量水平(李三爱 等,2005;谷冬艳 等,2007;Zhao et al.,2018)。中国对作物产量潜力研究开始于 1950 年(任美锷,1950),之后得到快速发展,并针对光温、光温水、光温水土各层次产量潜力开展了大量研究(陈惠 等,2008;陈明 等,2017;刘新 等,2018)。目前普遍认为,光合产量潜力是指在集约农业中,生产条件(水、肥、劳力、技术)得到充分保证,生态因子适宜(温度适宜、CO_2 供应充足,没有其他不利的因素)时理想的作物群体(密度、结构、株型合理)中,单位面积上实际获取的太阳总辐射量可能形成的最高产量(韩湘玲,1999);光温产量潜力是指作物在良好的生长状况下,不受水分、氮肥限制及病虫害胁迫,采用适宜作物品种获得的产量(Evans et al.,1999),该层次的产量是一个地区作物在适宜土壤和管理措施下由光温条件决定的产量,为有灌溉条件地区作物产量的理论上限;光温水产量潜力指作物在适宜土壤、品种和管理措施下由光、温、降水条件决定的产量,为没有灌溉条件地区作物产量的上限(Stewart et al.,2006)。

研究气候变化背景下华北冬小麦产量潜力时空分布特征,对明确小麦产量形成及其与环境条件的关系、定量产量限制因素等具有重要意义。前人采用不同方法围绕华北冬小麦产量潜力开展了大量研究,部分研究成果如表 1.8 所示。

表 1.8　华北冬小麦产量潜力研究比较

研究时段	产量潜力 (t · hm^{-2})	数值范围 (t · hm^{-2})	研究方法	研究区域	参考文献
1961—2000	8.2	7.4~9.7	WOFOST	华北平原	Wu et al.,2006
1961—2000	—	6.9~10.2	基于水分利用	华北平原	Wang et al.,2008
1961—2005	8.6	5.6~11.7	APSIM	华北平原	Chen et al.,2011
1961—2007	8.0	6.6~9.1	EPIC	华北平原	Lu et al.,2013
1962—2006	9.0	6.4~10.6	WOFOST	黄淮海	黄川容 等,2011
1980—2010	9.0	—	APSIM	黄淮冬麦区	Sun et al.,2018b
1998—2007	14.5	13.2~17.4	AEZ	黄淮海	王宏 等,2010

注:"—"表示没有数据。

前人利用作物模型和农户调查方法开展了华北冬小麦产量限制因子及限制程度研究,李克南等(2012)基于 APSIM-Wheat 模型分析了华北冬小麦潜在产量、水分限制条件下产量和水氮限制条件下产量的时空分布特征,明确了气候因素对冬小麦不同等级产量潜力分布特征的影响程度。研究表明,河北省是冬小麦潜在产量和水氮限制条件下产量高值区,同时为水分限制条件下产量低值区,增加灌溉是提高其产量的主要途径;山东省是冬小麦潜在产量和水分限制条件下产量高值区,水氮限制条件下产量低值区,增施氮肥是其提高产量的主要途径;河南省是冬小麦潜在产量低值区,辐射是其主要限制因素。王连喜等(2018)基于 AEZ 模型,明确河南省5个类型区冬小麦产量差的时空分布特征,研究表明,农学因素是限制当地冬小麦产量差缩小的主要因素,通过改良和更新冬小麦品种、采用现代技术、合理施用农药化肥等,可缩小冬小麦产量差距。刘建刚等(2012)利用农户调查方法对河北省吴桥县不同田块的产量差进行分析,结果表明,不同田块间产量差异明显,中低产田块产量提升空间较大,提高栽培耕作技术到位率是缩小田块尺度产量差的重要途径。李勤英等(2018)利用DSSAT作物生长模型研究了不同农艺措施对缩小冬小麦产量差的影响,研究表明,增施氮肥和调整播期的增产潜力及缩差贡献率较大,提高土壤养分含量和增加种植密度次之。

综上所述,前人在研究单点尺度作物产量潜力时主要采用统计分析、作物生长模型、田间试验、农户调研等方法(Duvick et al.,1999;陈超 等,2009;廉丽姝 等,2012;陈延玲 等,2013;Meng et al.,2013)。研究区域尺度产量潜力常用方法有统计分析和作物生长模型方法。作物生长模型从生长发育过程和机理角度,模拟作物生长发育和产量形成动态过程,通过设置不同情景,进而定量解析各种环境要素对作物生长发育过程的影响程度,已成为作物产量潜力分析和影响因子解析的有效工具。

本书第5章基于作物生长模型,对冬小麦各级产量进行分析和评价,明确了不同生产水平下华北冬小麦高产区、稳产区及适宜区的空间分布特征,对农业规划和作物布局有重要意义(王恩利,1987;Zhao et al.,2018)。在此基础上,本书第6章从产量差角度系统分析了降水、土壤、农户管理及农业技术水平对冬小麦产量的限制程度。

1.2.4 气候变化背景下冬小麦农业气象灾害研究进展

气候变化背景下华北降水波动性大,干旱发生的频率和强度呈增加态势(Qian et al.,2003;Wang et al.,2003;Zhai et al.,2010)。该区冬小麦全生育期干旱频发(房世波 等,2014;张存杰 等,2014;朱玲玲 等,2018),其中春旱发生频率高达$40\% \sim 80\%$(李世奎 等,2004;刘荣花 等,2006)。干旱发生风险的空间差异明显,在冬小麦全生育期和各生育阶段,冬小麦的干旱风险空间上均呈由南到北逐渐加重的趋势(张存杰 等,2014;张蕾 等,2016)。严小林等(2016)以受旱率、成灾率和粮食减产率为指标,利用Mann-Kendall趋势检验方法分析了海河流域1949—2000年农业干旱的历史演变趋势,研究表明,降水减少和温度升高是该区域农业干旱加剧的重要原因,且1980年是农业干旱的突变点;王雷(2016)研究表明,河南省1954—2013年近60年间20世纪90年代农业干旱发生频率最高。干旱对小麦生长发育影响较大的生育期包括播种期、拔节到孕穗期以及灌浆期,拔节后期到孕穗期是小麦需水临界期,该时期受旱造成小花退化不孕、粒数减少。灌浆期是小麦需水最多时期,缺水导致粒小而瘪(金善宝,1996;吕丽华 等,2007;黄健熙 等,2015),同时明显影响小麦的灌浆速率(吴少辉 等,2002;房稳静 等,2006)。前人关于干旱对小麦产量影响评估主要采用农田水分控制试验、统计分析和作物生长模型三种方法,但各种方法各有局限性。农田水分控制试验方法受限于时间、地点,其结果难以外推;统计分析方法无法揭示干旱对作物影响的过程和机理;作物生长模型方法需要基于水分控制试验资料进行模型校正之后,才能用于干旱影响评估。因此,需要多种方法相结合开展研究,才能减少干旱影响评估的不确定性。前人在干旱指标构建、干旱对冬小麦影响等方面已有很多的研究积累,然而综合干旱指标以及干旱对产量影响程度仍需深入系统研究,特别是将干旱指标与作物模型以及遥感资料有机结合,在明确干旱分布规律基础上,评估干旱对单产和总产的影响程度。

冻害是华北冬小麦主要农业气象灾害之一,冬小麦越冬期间遭受冻害后,受冻麦苗植株营养体生长受到抑制,株高降低,叶面积下降,植株弱小(朱明大,1986)。不同程度冻害对冬小麦产量影响存在差异。叶片受冻害的麦苗主茎穗粒数略增多,千粒重略降低;主茎被冻死的植株的单株成穗率、千粒重和单株产量均下降,穗粒数增加;主茎和大蘖被冻死的植株的单株成穗率、穗粒数、千粒重和单株产量均下降(郑维 等,1989)。小麦越冬期冻害主要通过死苗率影响小麦成穗率、成穗数,从而使小麦减产,冻害死苗率与减产率呈极显著的正相关关系,死苗率每增加10%,减产率增加6%~7%(朱明大,1986;郑维 等,1989;皇甫自起 等,1996;Barlow et al.,2015)。气候变化背景下,极端天气气候事件发生频率、强度和持续时间呈增加趋势(Vavrus et al.,2006;Rigby et al.,2008;Kodra et al.,2011;Augspurger,2013;IPCC,2014),冷暖突变剧烈,低温灾害风险增大,对小麦生产带来严峻的挑战(熊伟 等,2005;Lobell et al.,2011;Zheng et al.,2012)。气候变暖背景下,人们对冻害的防御意识减弱,逐渐忽视冻害防御措施,为追求高产而选择产量潜力大、抗冻能力相对较弱的小麦品种(龚绍先 等,1982;李茂松 等,2005;郑大玮 等,2005),导致气候变暖背景下小麦越冬期冻害仍时有发生。在全球气候变化背景下,华北小麦冻害发生时期和类型都有所变化。河北省严冬期发生冻害频率逐渐降低,而初冬期和早春冻害发生频率升高,由于气温波动性加剧以及选种半冬性品种,导致河北南部麦区冻害发生频率呈升高趋势(代立芹 等,2010)。小麦实际生产中,越冬冻害常与干旱并发,如2009年春天黄淮海干旱和冻害并发,直接损失达数十亿元人民币(王夏,2012)。

干旱和冻害是影响华北冬小麦产量的主要农业气象灾害,本书第7章基于作物生长模拟和人工控制试验,明确了华北冬小麦干旱和冻害的时间演变趋势及空间分布特征,定量其对冬小麦产量的影响程度,对区域冬小麦防灾减灾具有重要理论意义和实际应用价值。

1.3　小结

华北是中国重要的粮食生产基地,是中国冬小麦主产区,也是受气候变化影响最为显著的区域之一,华北冬小麦产量的高低直接决定中国口粮安全,在中国国家粮食安全中具有重要作用。全球气候持续变化,极端气候事件频发,气候变化改变了小麦生长季内农业气候资源的时空分布格局,中国冬小麦种植界限发生了明显变化,干旱和冻害频发,对小麦生产系统产生直接影响。因此,本书分析明确气候变化背景下华北冬小麦生长季内气候资源变化特征,揭示气候变化对冬小麦的影响与适应措施,明确冬小麦适宜区分布,定量评估产量限制因子及灾害影响,为华北各级政府和有关部门对小麦宏观布局、应对气候变化及防灾减灾等提供科学参考。

参 考 文 献

陈超,于强,王恩利,等,2009. 华北平原作物水分生产力区域分异规律模拟[J]. 资源科学,31:1477-1485.

陈惠,王加义,林晶,等,2008. 基于GIS的福建省双季稻气候-土壤生产潜力[J]. 生态学杂志,27:1104-1108.

陈明,寇雯红,李玉环,等,2017. 气候变化对东北地区玉米生产潜力的影响[J]. 应用生态学报,28:821-828.

陈实,2020. 中国北部冬小麦种植北界时空变迁及其影响机制研究[D]. 北京:中国农业科学院.

陈延玲,高强,王贵满,等,2013. 吉林省中部黑土区玉米吨粮田技术集成[J]. 吉林农业科学,38:15-17.

崔继林,聂淑伦,钱以丰,1955. 华东区小麦品种春化阶段发育的研究[J]. 植物学报,4(3):245-254.

代立芹,李春强,姚树然,等,2010. 气候变暖背景下河北省冬小麦冻害变化分析[J]. 中国农业气象,31(3):467-471.

房世波,齐月,韩国军,等,2014. 1961—2010 年中国主要麦区冬春气象干旱趋势及其可能影响[J]. 中国农业科学,47(9):1754-1763.

房稳静,张雪芬,郑有飞,2006. 冬小麦灌浆期干旱对灌浆速率的影响[J]. 中国农业气象,27(2):98-101.

龚绍先,张林,顾煜时,1982. 冬小麦越冬冻害的模拟研究[J]. 气象,8(11):30-31.

谷冬艳,刘建国,杨忠渠,等,2007. 作物生产潜力模型研究进展[J]. 干旱地区农业研究,25:89-94.

国家统计局,2020. 2020 中国统计年鉴[M]. 北京:中国统计出版社.

国家统计局农村社会经济调查司,2020.中国农村统计年鉴2020[M].北京:中国统计出版社.

韩湘玲,1999. 农业气候学[M]. 太原:山西科学技术出版社.

郝志新,郑景云,陶向新,2001. 气候增暖背景下的冬小麦种植北界研究——以辽宁省为例[J]. 地理科学进展,20(3):254-261.

何中虎,夏先春,陈新民,等,2011. 中国小麦育种进展与展望[J]. 作物学报,37(2):202-215.

胡实,莫兴国,林忠辉,2017. 冬小麦种植区域的可能变化对黄淮海地区农业水资源盈亏的影响[J]. 地理研究,36(5):861-871.

皇甫白起,常守乾,李秀花,等,1996. 豫东地区小麦冻害调查分析[J]. 河南农业科学(4):3-6.

黄川容,刘洪,2011. 气候变化对黄淮海平原冬小麦与夏玉米生产潜力的影响[J]. 中国农业气象,32(增 1):118-123.

黄季芳,胡含,陈少麟,1956. 中国秋播小麦春化阶段和光照阶段特性的研究[J]. 遗传学集刊(1):1-36.

黄健熙,张洁,刘峻明,等,2015. 基于遥感 DSI 指数的干旱与冬小麦产量相关性分析[J]. 农业机械学报,46(3):166-173.

金善宝,1961. 中国小麦栽培学[M]. 北京:农业出版社.

金善宝,1996. 中国小麦学[M]. 北京:中国农业出版社.

李国祥,1999. 建国以来我国粮食生产循环波动分析[J]. 中国农村观察(5):46-53.

李克南,杨晓光,刘园,等,2012. 华北地区冬小麦产量潜力分布特征及其影响因素[J]. 作物学报,38(8):1483-1493.

李阔,许吟隆,2017. 适应气候变化的中国农业种植结构调整研究[J]. 中国农业科技导报,19(1):8-17.

李茂松,王道龙,张强,等,2005. 2004—2005 年黄淮海地区冬小麦冻害成因分析[J]. 自然灾害学报,14(4):55-59.

李勤英,姚凤梅,张佳华,等,2018. 不同农艺措施对缩小冬小麦产量差和提高氮肥利用率的评价[J]. 中国农业气象,39(6):370-379.

李三爱,居辉,池宝亮,2005. 作物生产潜力研究进展[J]. 中国农业气象,26(2):106-111.

李世奎,霍治国,王素艳,等,2004. 农业气象灾害风险评估体系及模型研究[J]. 自然灾害学报,13(1):77-87.

李祎君,梁宏,王培娟,2013. 气候变暖对华北冬小麦种植界限及生育期的影响[J]. 麦类作物学报,33(2):382-388.

李元华,车少静,2005. 河北省温度和降水变化对农业的影响[J]. 中国农业气象,26(4):224-228.

李振声,1992.我国粮食生产的潜力和存在的问题[J]. 生命科学,4(1):1-3.

李振声,2010. 我国小麦育种的回顾与展望[J]. 中国农业科技导报,12(2):1-4.

廉丽姝,李志富,李梅,等,2012. 山东省主要粮食作物气候生产潜力时空变化特征[J]. 气象科技,40:1030-1038.

刘建刚,王宏,石全红,等,2012. 基于田块尺度的小麦产量差及生产限制因素解析[J]. 中国农业大学学报,17(2):42-47.

刘荣花,朱自玺,方文松,等,2006. 华北平原冬小麦干旱灾损风险区划[J]. 生态学杂志,25(9):1068-1072.

刘新,刘林春,尤莉,等,2018. 内蒙古地区气候生产潜力变化及其敏感性分析[J]. 中国农业气象,39(8):
　　531-537.

吕丽华,胡玉昆,李雁鸣,等,2007. 灌水方式对不同小麦品种水分利用效率和产量的影响[J]. 麦类作物学报,
　　27:88-92.

苗果园,张云亭,侯跃生,等,1993. 中国小麦品种温光生态区划[J]. 华北农学报,8(2):33-39.

任美锷,1950. 四川省农作物生产力的地理分布[J]. 地理学报,16(1):1-22.

任思洋,张青松,李婷玉,等,2019. 华北平原五省冬小麦产量和氮素管理的时空变异[J]. 中国农业科学,52
　　(24):4527-4539.

沈宗瀚,1937. 中国各省小麦之适应区域[R]. 实业部中央农业实验所特刊第十八号.

宋晓,黄绍敏,郭斗斗,等,2018. 品种演替和土壤肥力对小麦产量和磷生理效率的影响[J]. 中国土壤与肥料
　　(6):45-52.

唐晓培,宋妮,陈智芳,等,2019. 黄淮海地区冬小麦种植北界时空演变及未来趋势分析[J]. 农业工程学报,
　　35(9):129-137.

田良才,李晋川,余华盛,等,1996. 中国普通小麦生态区划及生态分类——Ⅱ. 中国普通小麦的生态分类[J].
　　华北农学报,11(2):19-27.

王恩利,1987. 黄淮海地区冬小麦、夏玉米生产力评价及本区潜在人口支持能力估算初探[D]. 北京:北京农
　　业大学.

王宏,陈阜,石全红,等,2010. 近30 a黄淮海农作区冬小麦单产潜力的影响因素分析[J]. 农业工程学报,26
　　(增1):90-95.

王雷,2016. 河南省农业干旱时空演变特征及驱动机制分析[D]. 郑州:华北水利水电大学.

王连喜,刘畅,李琪,等,2017. 气候变暖背景下京津冀地区冬小麦种植北界变化[J]. 作物杂志(1):61-67.

王连喜,卢媛媛,李琪,等,2018. 基于AEZ模型的河南省冬小麦产量差时空特征分析[J]. 中国生态农业学
　　报,26:547-558.

王培娟,张佳华,谢东辉,等,2012. 1961—2010年我国冬小麦可种植区变化特征[J]. 自然资源学报,27(2):
　　215-224.

王夏,2012. 冬小麦低温灾害影响与诊断方法研究[D]. 北京:中国农业科学院.

吴少辉,高海涛,王书子,等,2002. 干旱对冬小麦粒重形成的影响及灌浆特性分析[J]. 干旱地区农业研究,20
　　(2):50-52.

夏军,2002. 华北地区水循环与水资源安全:问题与挑战[J]. 地理科学进展(6):517-526.

熊伟,许吟隆,林而达,2005. 气候变化导致的冬小麦产量波动及应对措施模拟[J]. 中国农学通报(5):
　　380-385.

严小林,张建云,鲍振鑫,等,2016. 海河流域农业干旱演变情势分析[J]. 水资源与水工程学报,27(3):
　　221-225.

杨建莹,梅旭荣,刘勤,等,2011. 气候变化背景下华北地区冬小麦生育期的变化特征[J]. 植物生态学报,35
　　(6):623-631.

杨晓光,李勇,代姝玮,等,2011. 气候变化背景下中国农业气候资源变化Ⅸ. 中国农业气候资源时空变化特
　　征[J]. 应用生态学报,22(12):3177-3188.

张存杰,王胜,宋艳玲,等,2014. 我国北方地区冬小麦干旱灾害风险评估[J]. 干旱气象,32(6):883-893.

张蕾,杨冰韵,2016. 北方冬小麦不同生育期干旱风险评估[J]. 干旱地区农业研究,34(4):274-280.

张梦婷,张玉静,佟金鹤,等,2017. 未来气候情景下冬小麦潜在北移区农业气候资源变化特征[J]. 气候变化
　　研究进展,13(3):243-252.

张宇,1995. 近40年来我国粮食产量变化特征初步分析[J]. 中国农业气象,16(3):1-4.

郑大玮,郑大琼,刘虎成,2005. 农业减灾实用技术手册[M]. 杭州:浙江科学技术出版社.

郑维,王佩芝,朱明大,1989. 小麦越冬冻害的后效及分级[J]. 新疆气象(7):29-34.

中国农林作物气候区划协作组,1987. 中国农林作物气候区划[M]. 北京:气象出版社.

中华人民共和国水利部,2019. 中国水资源公报[M]. 北京:中国水利水电出版社.

朱玲玲,张竟竟,李治国,等,2018. 基于 SPI 的河南省冬小麦生育期干旱时空变化特征分析[J]. 灌溉排水学报,37(5):51-58.

朱明大,1986. 冻害对构成小麦产量诸因子的影响[J]. 新疆农业科技(4):13-14.

邹立坤,蓝岚,冯丽肖,2012. 应用模拟模型技术确定冬麦北移的北界[J]. 安徽农业科学,40(3):1291-1293,1312.

邹立坤,张建平,姜青珍,等,2001. 冬小麦北移种植的研究进展[J]. 中国农业气象,22(2):53-56.

左洪超,吕世华,胡隐樵,2004. 中国近 50 年气温及降水量的变化趋势分析[J]. 高原气象,23(2):238-244.

AMTHOR J S,2001. Effects of atmospheric CO_2 concentration on wheat yield:Review of results from experiments using various approaches to control CO_2 concentration [J]. Field Crops Research,73(1):1-34.

ASSENG S,EWERT F,MARTRE P,et al,2015. Rising temperatures reduce global wheat production [J]. Nature Climate Change,5(2):143-147.

ASSENG S,FOSTER I,TURNER N C,2011. The impact of temperature variability on wheat yields [J]. Global Change Biology,17(2):997-1012.

AUGSPURGER C K,2013. Reconstructing patterns of temperature,phenology,and frost damage over 124 years:Spring damage risk is increasing [J]. Ecology,94(1):41-50.

BARLOW K M,CHRISTY B P,O'LEARY G J,et al,2015. Simulating the impact of extreme heat and frost events on wheat crop production:A review [J]. Field Crop Research,171:109-119.

BATTS G,MORISON J,ELLIS R,et al,1997. Effects of CO_2 and temperature on growth and yield of crops of winter wheat over four seasons [J]. European Journal of Agronomy,7(1):43-52.

CASSMAN K G,DOBERMANN A,WALTERS D T,et al,2003. Meeting cereal demand while protecting natural resources and improving environmental quality [J]. Annual Review of Environment and Resources,28:315-358.

CHEN C,BAETHGEN W E,ROBERTSON A,2013. Contributions of individual variation in temperature,solar radiation and precipitation to crop yield in the North China Plain,1961—2003 [J]. Climatic Change,116:767-788.

CHEN C,BAETHGEN W E,WANG E L,et al,2011. Characterizing spatial and temporal variability of crop yield caused by climate and irrigation in the North China Plain [J]. Theoretical and Applied Climatology,106:365-381.

DIAS DE OLIVEIRA E,BRAMLEY H,SIDDIQUE K H M,et al,2013. Can elevated CO_2 combined with high temperature ameliorate the effect of terminal drought in wheat? [J]. Functional Plant Biology,40(2):160-171.

DUVICK D N,CASSMAN K G,1999. Post-green revolution trends in yield potential of temperate maize in the North-Central United States [J]. Crop Science,39:1622-1630.

EVANS L T,FISCHER R A,1999. Yield potential:Its definition,measurement,and significance [J]. Crop Science,39:1544-1551.

IPCC,2014. Climate change 2014:Impacts,Adaptation and Vulnerability [M]. Cambridge:Cambridge University Press.

JALOTA S K,KAUR H,KAUR S,et al,2013. Impact of climate change scenarios on yield,water and nitrogen-balance and-use efficiency of rice-wheat cropping system [J]. Agricultural Water Management,116:29-38.

JI H T,XIAO L J,XIA Y M,et al,2017. Effects of jointing and booting low temperature stresses on grain yield and yield components in wheat [J]. Agricultural and Forest Meteorology,243:33-42.

KIMBALL B A,KOBAYASHI K,BINDI M,2002. Responses of agricultural crops to free-air CO_2 enrichment [J]. Advances in Agronomy,77:293-368.

KODRA E,STEINHAEUSER K,GANGULY A R,2011. Persisting cold extremes under 21st century warming scenarios [J]. Geophysical Research Letters,38(8):99-106.

LEAKEY A D B,AINSWORTH E A,BERNACCHI C J,et al,2009. Elevated CO_2 effects on plant carbon,nitrogen,and water relations:Six important lessons from FACE [J]. Journal of Experimental Botany,60(10): 2859-2876.

LI K N,YANG X G,LIU Z J,et al,2014. Low yield gap of winter wheat in the North China Plain [J]. European Journal of Agronomy,59:1-12.

LI K N,YANG X G,TIAN H Q,et al,2015. Effects of changing climate and cultivar on the phenology and yield of winter wheat in the North China Plain [J]. International Journal of Biometeorology,60(1):21-32.

LIEBIG J,1840. Chemistry in Its Application to Agriculture and Physiology [M]. London:Taylor and Walton.

LIU B,LIU L L,TIAN L Y,et al,2014. Post-heading heat stress and yield impact in winter wheat of China [J]. Global Change Biology,20(2):372-381.

LIU R J,SHENG P P,HUI H B,et al,2015. Integrating irrigation management for improved grain yield of winter wheat and rhizosphere AM fungal diversity in a semi-arid cropping system [J]. Agricultural Systems,132:167-173.

LIU Y,WANG E L,YANG X G,et al,2010. Contributions of climatic and crop varietal changes to crop production in the North China Plain,since 1980s [J]. Global Change Biology,16:2287-2299.

LOBELL D B,FIELD C B,2007. Global scale climate-crop yield relationships and the impacts of recent warming [J]. Environmental Research Letters,2:014002.

LOBELL D B,SCHLENKER W,COSTA-ROBERTS J,2011. Climate trends and global crop production since 1980 [J]. Science,333:616-620.

LONG S P,AINSWORTH E A,LEAKEY A D,et al,2006. Food for thought:lower-than-expected crop yield stimulation with rising CO_2 concentrations [J]. Science,312(5782):1918-1921.

LU C H,FAN L,2013. Winter wheat yield potentials and yield gaps in the North China Plain [J]. Field Crops Research,143:98-105.

LU D J,LU F F,PAN J X,et al,2015. The effects of cultivar and nitrogen management on wheat yield and nitrogen use efficiency in the North China Plain [J]. Field Crops Research,171:157-164.

MANDERSCHEID R,BURKART S,BRAMM A,et al,2003. Effect of CO_2 enrichment on growth and daily radiation use efficiency of wheat in relation to temperature and growth stage [J]. European Journal of Agronomy,19(3):411-425.

MENG Q F,HOU P,WU L,et al,2013. Understanding production potentials and yield gaps in intensive maize production in China [J]. Field Crops Research,143:91-97.

O'LEARY G J,CHRISTY B,NUTTALL J,et al,2015. Response of wheat growth,grain yield and water use to elevated CO_2 under a Free-Air CO_2 Enrichment (FACE) experiment and modelling in a semi-arid environment [J]. Global Change Biology,21(7):2670-2686.

QIAN W,HU Q,ZHU Y,et al,2003. Centennial-scale dry-wet variations in East Asia [J]. Climate Dynamics,21(1):77-89.

RAY D K,GERBER J S,MACDONALD G K,et al,2015. Climate variation explains a third of global crop yield variability [J]. Nature Communications,6:5989.

RAY D K,RAMANKUTTY N,MUELLER N D,et al,2012. Recent patterns of crop yield growth and stagnation [J]. Nature Communications,3:1293.

RIGBY J R,PORPORATO A,2008. Spring frost risk in a changing climate [J]. Geophysical Research Letters,35:150-152.

STEWART B A,KOOHAFKAN P,RAMAMOORTHY K,2006. Dryland agriculture defined and its importance to the world [M]//Dryland Agriculture. Agronomy Monogragh 23. Madison:American Society of Agronomy,Crop Science Society of America,Soil Science Society of America:1-26.

SUN H Y,ZHANG X Y,CHEN S Y,et al,2007. Effects of harvest and sowing time on the performance of the rotation of winter wheat-summer maize in the North China Plain [J]. Industrial Crops & Products,25:239-247.

SUN J D,YANG L X,WANG Y L,et al,2009. FACE-ing the global change:Opportunities for improvement in photosynthetic radiation use efficiency and crop yield [J]. Plant Science,177(6):511-522.

SUN S,YANG X G,LIN X M,et al,2018a. Climate-smart management can further improve winter wheat yield in China [J]. Agricultural Systems,162:10-18.

SUN S,YANG X G,LIN X M,et al,2018b. Winter wheat yield gaps and patterns in China [J]. Agronomy Journal,110:319-330.

TAO F L,YOKOZAWA M,XU Y L,et al,2006. Climate changes and trends in phenology and yields of field crops in China,1981—2000 [J]. Agricultural and Forest Meteorology,138:82-92.

TAO F L,ZHANG S,ZHANG Z,2012. Spatiotemporal changes of wheat phenology in China under the effects of temperature,day length and cultivar thermal characteristics [J]. European Journal of Agronomy,43:201-212.

VAVRUS S,WALSH J E,CHAPMAN W L,et al,2006. The behavior of extreme cold air outbreaks under greenhouse warming [J]. International Journal of Climatology,26(9):1133-1147.

WANG E L,YU Q,WU D R,et al,2008. Climate,agricultural production and hydrological balance in the North China Plain [J]. International Journal of Climatology,28:1959-1970.

WANG Z W,ZHAI P M,ZHANG H T,2003. Variation of drought over northern China during 1950—2000 [J]. Journal of Geographical Sciences,13(4):480-487.

WU D R,YU Q,LU C H,et al,2006. Quantifying production potentials of winter wheat in the North China Plain [J]. European Journal of Agronomy,24:226-235.

XIAO D P,TAO F L,LIU Y J,et al, 2013. Observed changes in winter wheat phenology in the North China Plain for 1981—2009 [J]. International Journal of Biometeorology,57(2):275-285.

XIAO Y G,QIAN Z G,WU K,et al,2012. Genetic gains in grain yield and physiological traits of winter wheat in Shandong province,China,from 1969 to 2006 [J]. Crop Science,52:44-56.

YOU L Z,ROSEGRANT M W,WOOD S,et al, 2009. Impact of growing season temperature on wheat productivity in China [J]. Agricultural and Forest Meteorology,149:1009-1014.

ZHAI J,SU B, KRYSANOVA V,et al,2010. Spatial variation and trends in PDSI and SPI indices and their relation to streamflow in 10 large regions of China [J]. Journal of Climate,23(3):649-663.

ZHANG X Y,WANG S F,SUN H Y,et al,2013. Contribution of cultivar,fertilizer and weather to yield variation of winter wheat over three decades:A case study in the North China Plain [J]. European Journal of Agronomy,50:52-59.

ZHANG Y,XU W G,WANG H W,et al,2016. Progress in genetic improvement of grain yield and related physiological traits of Chinese wheat in Henan Province [J]. Field Crops Research,199:117-128.

ZHAO C,PIAO S L,HUANG Y,et al,2016. Field warming experiments shed light on the wheat yield response to temperature in China [J]. Nature Communications,7:13530.

ZHAO J,HAN T,WANG C,et al,2020. Optimizing irrigation strategies to synchronously improve the yield and water productivity of winter wheat under interannual precipitation variability in the North China Plain [J]. Agricultural Water Management,240:106298

ZHAO J,YANG X G,2018. Distribution of high-yield and high-yield-stability zones for maize yield potential in the main growing regions in China [J]. Agricultural and Forest Meteorology,248:511-517.

ZHENG B Y,CHENU K,DRECCER M F,et al,2012. Breeding for the future:what are potential impacts of future frost and heat events on sowing flowering time requirements for Australian bread wheat (Triticum aestivium) varieties? [J]. Global Change Biology,18:2899-2914.

ZHONG X,MEI X,LI Y,et al,2008. Changes in frost resistance of wheat young ears with development during jointing stage [J]. Journal of Agronomy and Crop Science,194(5):343-349.

ZHOU Y,HE Z H,SUI X X,et al,2007. Genetic improvement of grain yield and associated traits in the Northern China winter wheat region from 1960 to 2000 [J]. Crop Science,47:245-253.

第 2 章　研究方法

本章简单介绍本书各章节涉及的研究指标和计算方法,包括农业气候资源分析、冬小麦种植界限、各级产量潜力和适宜性分区、冬小麦干旱和冻害指标等,以及本书所采用的人工控制试验和农业生产系统模拟模型方法。

在综合考虑华北范围、行政区以及作物种植体系相对一致性,本书的研究区域为河北、山东和河南三省以及北京和天津两市(图 2.1)。研究区域内作物种植体系以冬小麦—夏玉米一年两熟为主,其中河北北部地区因日平均气温≥0 ℃的年活动积温小于 4200 ℃·d 为一年一熟,不在本书研究范围内。书中所使用的气象数据均来自中国气象科学数据共享服务网的逐日气象资料,冬小麦作物资料来源于中国气象局农业气象观测站,研究区域的气象站点和农业气象观测站点分布如图 2.1 所示。

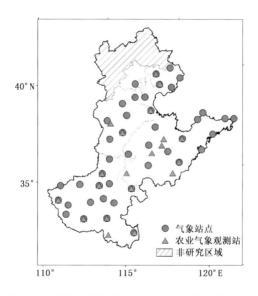

图 2.1　研究区域气象站点和农业气象观测站分布

2.1　农业气候资源分析指标和计算方法

农业气候资源是指为农业生产提供物质和能量的气候资源,由光照资源、热量资源、水分资源、空气资源和风资源组成,这些资源的数量、组合及分配情况在一定程度上决定了一个地区的农业生产类型、农业生产力和农业生产潜力(《中国气象百科全书》总编委会,2016)。本书重点分析冬小麦生长季内光照资源、热量资源和水分资源的变化特征。

2.1.1 太阳总辐射

太阳总辐射是指源自太阳的电磁辐射或能量,亦称日射。地球上几乎所有驱动气候、生态、水循环等的能量都来自太阳(《中国气象百科全书》总编委会,2016)。本书根据联合国粮农组织(FAO)推荐的 Penman-Monteith 公式(Doorenbos et al.,1998)中变量的计算方法,将气象资料中逐日的日照时数转换为太阳总辐射,计算公式如下:

$$R_s = \left(a + b \times \frac{n}{N} \right) \times R_a \tag{2.1}$$

$$R_a = \frac{24 \times 60}{\pi} G_{sc} \times d_r \times (w_s \times \sin\phi \times \sin\delta + \cos\phi \times \cos\delta \times \sin w_s) \tag{2.2}$$

$$d_r = 1 + 0.033 \times \cos\left(\frac{2\pi}{365}J\right) \tag{2.3}$$

$$\delta = 0.409 \times \sin\left(\frac{2\pi}{365}J - 1.39\right) \tag{2.4}$$

$$w_s = \arccos(-\tan\phi \times \tan\delta) \tag{2.5}$$

$$N = \frac{24}{\pi}w_s \tag{2.6}$$

式中,R_s 为每天的太阳总辐射($MJ \cdot m^{-2} \cdot d^{-1}$);$R_a$ 为每天的地球外辐射($MJ \cdot m^{-2} \cdot d^{-1}$);$G_{sc}$ 为太阳常数,取值 $0.0820 \ MJ \cdot m^{-2} \cdot min^{-1}$;$n$ 为每天的日照时数(h);N 为最大可能日照时数(h);d_r 为日地相对距离;J 为日序;δ 为太阳磁偏角(rad);w_s 为日出时角(rad);ϕ 为当地纬度(rad);a 和 b 为回归常数,本书采用 FAO 推荐值,$a=0.25$,$b=0.50$。

2.1.2 热量资源分析指标及计算方法

本书采用活动积温作为热量资源分析指标。活动积温是指某段时期内活动温度的总和,活动温度是高于生物学零度的日平均气温。冬小麦为喜凉作物,因此计算日平均气温 $\geqslant 0 \ ℃$ 的活动积温,方法如下:

$$A_a = \begin{cases} \sum_{i=1}^{n} T_i & T_i \geqslant 0 \\ 0 & T_i < 0 \end{cases} \tag{2.7}$$

式中,A_a 为日平均气温 $\geqslant 0 \ ℃$ 的活动积温($℃ \cdot d$);n 为统计时段内日数(d);T_i 为第 i 天的日平均气温($℃$)。

2.1.3 水分资源分析指标及计算方法

(1)参考作物蒸散量的定义和计算方法

参考作物蒸散量是指假设平坦地面被特定低矮绿色作物(高 0.12 m,地面反射率为 0.23)全部覆盖、土壤充分条件下的蒸散量。书中采用联合国粮农组织(FAO)推荐的 Penman-Monteith 公式计算参考作物蒸散量(Doorenbos et al.,1998),计算公式如下:

$$\mathrm{ET}_0 = \frac{0.408\Delta(R_n - G) + 900\gamma \cdot u_2(e_s - e_a)/(\overline{T} + 273)}{\Delta + \gamma(1 + 0.34u_2)} \tag{2.8}$$

式中,ET_0 为参考作物蒸散量($mm \cdot d^{-1}$);R_n 为到达作物表面的净辐射($MJ \cdot m^{-2} \cdot d^{-1}$);$G$ 为土壤热通量($MJ \cdot m^{-2} \cdot d^{-1}$);$e_s$ 为饱和水汽压(kPa);e_a 为实际水汽压(kPa);$\overline{T}$ 为 2 m 高度处的日平均气温(℃);Δ 为饱和水汽压曲线斜率($kPa \cdot ℃^{-1}$);γ 为干湿表常数($kPa \cdot ℃^{-1}$);u_2 为 2 m 高度处的日平均风速($m \cdot s^{-1}$)。

(2)作物需水量的定义和计算方法

作物需水量是指在水分供应充足且其他因素不受限制的条件下,作物为获得最高产量所需要的水分总量(韩湘玲,1999),计算公式如下:

$$ET_c = K_c \times ET_0 \tag{2.9}$$

式中,ET_c 为作物需水量($mm \cdot d^{-1}$);K_c 为作物系数;ET_0 为参考作物蒸散量($mm \cdot d^{-1}$)。

(3)作物系数的定义和计算方法

作物系数(K_c)是指作物某生长发育阶段的需水量(ET_c)与该阶段参考作物蒸散量(ET_0)的比值。本书采用联合国粮农组织推荐的方法,计算得到冬小麦发育初期、中期和后期 3 个阶段的标准作物系数依次为:$K_{cini}=0.7$(越冬期为 0.4),$K_{cmid}=1.15$,$K_{cend}=0.4$,并利用研究区域各站点的气象资料以及田间实测冬小麦株高对冬小麦生育中期和后期的作物系数进行订正(Allen et al.,1998),订正公式如下:

$$K'_{cmid} = K_{cmid} + \left[0.04(u_2-2)-0.004(\overline{RH}_{min}-45)\right]\left(\frac{\overline{h}}{3}\right)^{0.3} \tag{2.10}$$

$$K'_{cend} = K_{cend} + \left[0.04(u_2-2)-0.004(\overline{RH}_{min}-45)\right]\left(\frac{\overline{h}}{3}\right)^{0.3} \tag{2.11}$$

式中,K'_{cmid} 为订正后冬小麦生育中期作物系数;K'_{cend} 为订正后冬小麦生育后期作物系数;u_2 为该生育阶段内 2 m 高度处的日平均风速($m \cdot s^{-1}$);$\overline{RH}_{min}$ 为该生育阶段内日最低相对湿度平均值(%);$\overline{h}$ 为该生育阶段内冬小麦平均高度(m)。

2.1.4　气候要素保证率定义和计算方法

保证率是指大于等于或小于等于某要素值出现的可能性或概率。在农业气候分析中一般建议 80% 以上的保证程度(韩湘玲,1999)。本书采用经验频率法计算保证率,公式如下:

$$P = \frac{m}{n+1} \times 100\% \tag{2.12}$$

式中,P 为保证率(%);m 为研究要素值按大小递减顺序排列后的编号,编号从 1 开始;n 为序列年份数。

2.1.5　气候要素气候倾向率定义及计算方法

在计算某一气候要素时间变化趋势时,建立该气候要素与时间的一元线性回归方程,线性方程的回归系数和回归常数用最小二乘法进行估计。一元线性回归方程的形式如下:

$$x_i = at_i + b \tag{2.13}$$

式中,x_i 为某气候要素;t_i 为 x_i 所对应的时间;a 为线性回归系数;b 为线性回归常数。以 a 的 10 倍作为时间单位分析气候倾向率,表示该气候要素每 10 年的变化,单位为某要素单位 · $(10a)^{-1}$,如平均气温气候倾向率单位为 ℃ · $(10a)^{-1}$。

2.2　冬小麦种植北界指标和计算方法

以冻害指标作为冬小麦可种植北界指标,不同冬春性品种冻害指标基于人工控制试验得到,并以大田试验资料对指标进行订正和验证,由此得到可应用于区域的各品种冬小麦不同程度冻害指标(人工控制试验方法见2.6.2节,冻害指标构建过程见7.3.1节)。根据冬小麦越冬期不同程度冻害指标,将各品种严重冻害(冬小麦死亡率20%)最低气温指标作为强冬性、冬性、半冬性品种种植北界指标,分别以80%保证率下年极端最低气温为-21、-20、-18和-12 ℃的等值线作为强冬性、冬性、半冬性和春性品种种植北界,以不同冬春性品种完成春化阶段所需温度和日数确定各品种种植南界(表2.1),根据各品种种植北界和南界确定其可种植区。以1980年为界将1951—2015年分为两个时段,定量比较1951—1980年(时段Ⅰ)和1981—2015年(时段Ⅱ)不同冬春性品种种植界限和可种植区的变化。

表 2.1　不同冬春性品种可种植界限指标

项目	强冬性(SW)	冬性(W)	半冬性(WW)	春性(SP)
年极端最低气温(℃)	-21	-20	-18	-12
完成春化阶段所需温度(℃)	0~3	0~7	0~7	0~12
完成春化阶段所需日数(d)	>45	30~45	15~30	<15

2.3　作物模型方法

2.3.1　农业生产系统模拟模型简介

农业生产系统模拟模型(Agricultural Production System Simulator,APSIM)是由澳大利亚联邦科工组织和昆士兰州政府的农业生产系统小组(APARU)联合开发的农业系统模拟模型(McCown et al.,1996;Keating et al.,2003)。该模型已在100多个国家应用。模型以"日"为时间步长,基于过程模拟,可较好地反映土壤水分、养分、作物生长、气候与农业管理之间的交互作用(Keating et al.,2003;Holzworth et al.,2014;Gaydon et al.,2017)。APSIM模型目前已发布7.10版本,包括小麦、玉米、油菜、棉花、苜蓿和豆类作物等多种作物。APSIM模型以土壤为核心,模型通过中心引擎将系统控制模块、天气模块、土壤模块、管理模块和作物模块有机结合,通过"插一拔"功能实现模块之间的逻辑关系(McCown et al.,1996)。具体的模型结构如图2.2所示(Keating et al.,2003)。

2.3.2　作物模型模拟结果评价指标

选择模型模拟值与实测值的线性回归决定系数(R^2)、均方根误差(RMSE)、归一化均方根误差(NRMSE)和D指标(Willmott,1982)作为指标评价模型模拟的准确性和可靠性。其中,回归决定系数R^2和D指标反映了模型模拟值与实测值的一致性,数值越接近1说明模拟效果越好,其中D指标对系统模拟误差更敏感(刘志娟 等,2012);均方根误差(RMSE)反映了模型模拟值相对实测值的绝对误差,而归一化均方根误差(NRMSE)反映了模拟值与实测值的

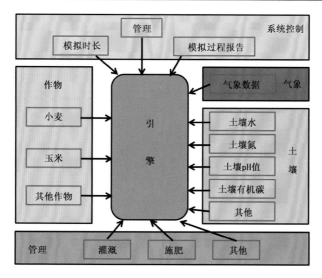

图 2.2　APSIM 模型结构图（根据 Keating et al.，2003 修改）

相对误差，二者都是数值越小，模拟效果越好。具体指标的计算公式如下：

$$r = \frac{\sum\limits_{i=1}^{n} (O_i - \overline{O})(S_i - \overline{S})}{\sqrt{\sum\limits_{i=1}^{n} (O_i - \overline{O})^2 \sum\limits_{i=1}^{n} (S_i - \overline{S})^2}} \tag{2.14}$$

$$R^2 = r^2 \tag{2.15}$$

$$\text{RMSE} = \sqrt{\frac{\sum\limits_{i=1}^{n} (O_i - S_i)^2}{n}} \tag{2.16}$$

$$\text{NRMSE} = \frac{\text{RMSE}}{\overline{O}} \times 100\% \tag{2.17}$$

$$D = 1 - \frac{\sum\limits_{i=1}^{n} (S_i - O_i)^2}{\sum\limits_{i=1}^{n} (|S_i - \overline{O}| + |O_i - \overline{O}|)^2} \tag{2.18}$$

式中，O_i 和 S_i 分别为实测值和模拟值；$\overline{O}$ 和 $\overline{S}$ 分别为实测值和模拟值的平均值；n 为实测数据的样本数。

2.3.3　APSIM-Wheat 模型适用性

　　本书以研究区域农业气象观测站冬小麦田间试验资料为基础，确定 APSIM-Wheat 模型的参数并验证其对研究区域冬小麦生育期、生物量和产量模拟的适用性。采用"试错法"对 APSIM-Wheat 模型进行冬小麦品种的调参和验证，每个年代选择代表性品种代表该区域当时条件下的品种潜力，济南 13、冀麦 26、鲁麦 21 分别为 1981—1990 年、1991—2000 年、2001—2015 年的代表品种。将农业气象观测站各品种资料分为调参和验证两个数据集，基于调参组的数据对 APSIM-Wheat 控制冬小麦生育期和生物量参数进行调试，使得模拟值与实测值尽量均匀分布在 1∶1 线两侧,使误差尽可能小;基于调整后参数,利用验证组数据对各年代冬小麦品种参数进行验证,确定各年代品种参数在研究区域的适用性。表 2.2 为研究区域不同年代品种播种—开花天数、播种—成熟天数、生物量及产量的模拟值与实测值的评价结果。图 2.3 为研究区域不同年代品种播种—开花天数、播种—成熟天数、生物量和产量的模型验证效果。由图可以看出,APISM-Wheat 模型对冬小麦生育期天数和产量模拟效果较好,各点均匀分布在 1∶1 线两侧,生物量模拟值略高于实测值。其中,冬小麦各品种播种—开花天数和播种—成熟天数的决定系数(R^2)分别为 0.75 和 0.84,D 指标分别为 0.92 和 0.96,从均方根误差(RMSE)结果看,模型对冬小麦各品种播种—开花天数模拟的绝对误差为 3.64 d,播种—成熟天数模拟的绝对误差为 2.53 d。相对于冬小麦 240 d 的生育期长度来讲,模拟误差在可接受范围内。总体来看 APISM-Wheat 模型可较好地模拟冬小麦的生育期。此外,对于产量而言,D 指标为 0.96,模拟偏差(NRMSE)平均为 10%;对于生物量而言,D 指标为 0.83,模拟偏差(NRMSE)平均为 19%。由此可见,APSIM-Wheat 模型对冬小麦产量模拟效果很好,对生物量模拟误差在可接受范围内。总体而言,APSIM-Wheat 模型适用于研究区域不同年代品种冬小麦生长发育过程、产量的模拟。

表 2.2　APSIM-Wheat 模型验证结果评价

项目	评价指标	不同年代品种验证结果		
		济南 13	冀麦 26	鲁麦 21
播种—开花天数	R^2	0.79	0.79	0.86
	RMSE(d)	3.95	2.83	1.80
	NRMSE(%)	2.45	2.27	2.28
	D	0.95	0.90	0.98
播种—成熟天数	R^2	0.79	0.80	0.72
	RMSE(d)	3.45	1.10	1.49
	NRMSE(%)	2.39	0.69	1.61
	D	0.95	0.97	0.99
生物量	R^2	0.86	0.76	0.83
	RMSE($kg \cdot hm^{-2}$)	2083.9	1167.4	1963.7
	NRMSE(%)	12.6	7.2	14.5
	D	0.92	0.95	0.89
产量	R^2	0.88	0.82	0.91
	RMSE($kg \cdot hm^{-2}$)	401.4	349.1	709.1
	NRMSE(%)	8.6	5.7	12.3
	D	0.97	0.97	0.90

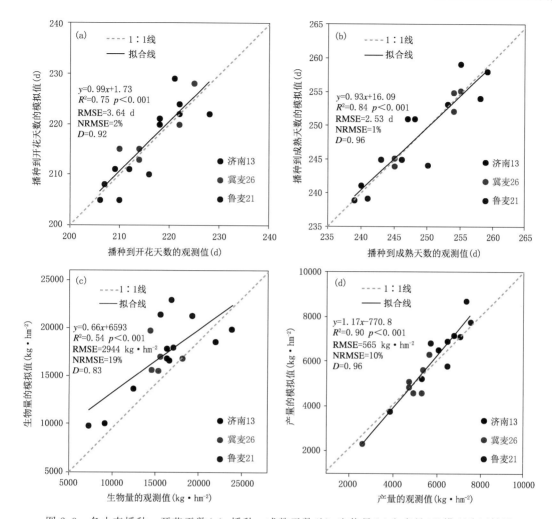

图 2.3　冬小麦播种—开花天数(a)、播种—成熟天数(b)、生物量(c)和产量(d)模型验证结果

2.4　冬小麦各级产量和产量差定义及计算方法

作物产量潜力指作物在水分、土壤、品种以及农业技术措施适宜的前提下,由当地辐射和温度条件决定的产量。该层次的产量是一个地区作物产量的理论上限(van Ittersum et al.,2003)。实际生产中受到气候、土壤、品种和栽培管理措施等因素的综合影响,作物实际产量远低于作物产量潜力,即作物产量潜力与实际产量间存在产量差。本书为解析研究区域冬小麦各级产量差,定义了4个产量水平:

(1)光温产量潜力:指冬小麦在良好的生长状况下,不受水分、氮肥限制及病虫害的胁迫,采用当地适宜品种,在适宜土壤条件和适宜管理措施下获得的产量(Evans et al.,1999)。光温产量潜力是有灌溉条件地区作物产量的上限,仅受到当地辐射和温度的制约。

(2)光温水产量潜力(气候产量潜力):指冬小麦生长的其他条件均满足,仅受当地光、温和降水影响的产量(Stewart et al.,2006),也称雨养产量潜力。雨养产量潜力是没有灌溉条件地

区作物产量的上限,受当地辐射、温度和降水的限制。

（3）光温土产量潜力:指冬小麦在良好的生长状况下,不受氮肥限制（水分）及病虫害的胁迫,采用当地适宜品种,在实际土壤条件下获得的产量。由于研究区域冬小麦生长以灌溉为主,因此书中分析光温土产量潜力,该层次产量主要受到当地光温和土壤因素影响。

（4）实际产量:指在一定区域内农户获得的实际产量的平均状况,反映了当地气候、土壤、品种、栽培管理措施和农技水平等因素综合影响下的产量。

光温产量潜力与实际产量之间的产量差是实际产量距离当地理论最高产量及产量潜力的差值,称为总产量差。本书将总产量差进一步分解为三个层次:产量差 1、产量差 2 和产量差 3,如图 2.4 所示。

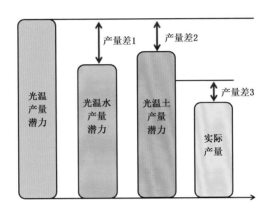

图 2.4　各级产量及产量差示意图

产量差 1 是指光温产量潜力与光温水产量潜力的差值,主要受当地降水因素影响。产量差 2 是指光温产量潜力与光温土产量潜力的差值,主要受当地土壤因素影响。产量差 3 是指光温土产量潜力的 80% 与实际产量的差值。由于华北大部分地区自然降水无法满足冬小麦生长季水分需求,必须通过灌溉以确保冬小麦高产稳产,国际上普遍认为可获得产量通常占作物潜在产量的 70%～85%（van Ittersum et al.,2013）。因此,本书将光温土产量潜力的 80% 与实际产量之间的产量差作为产量差 3,该层次的产量差主要由农户管理和农技水平引起。

本书第 6 章着重分析研究区域冬小麦总产量差和各级产量差（产量差 1、产量差 2 和产量差 3）的空间分布特征和演变趋势,解析各级产量差限制因子和限制程度,为产量提升提供参考。

2.5　产量变化特征分析

为了明确各县 1981—2010 年冬小麦实际产量变化趋势,本书采用 Ray 等（2012）提出的方法判断冬小麦实际产量变化趋势。首先针对各县冬小麦产量分别用常数方程（2.19）、一元一次方程（2.20）、一元二次方程（2.21）、一元三次方程（2.22）进行拟合:

$$y = k \tag{2.19}$$

$$y = a \times t + k \tag{2.20}$$

$$y = a \times t^2 + b \times t + k \tag{2.21}$$

$$y = a \times t^3 + b \times t^2 + c \times t + k \tag{2.22}$$

式中，y 为产量；t 为年份；a、b、c 为拟合方程的回归系数；k 为截距。

利用指标 AIC(Akaike,1974)作为最优拟合判断标准，见式(2.23)。AIC 越小，则说明该拟合公式越合适。

$$\mathrm{AIC} = n\ln\left(\frac{\mathrm{RSS}}{n}\right) + 2\rho \tag{2.23}$$

式中，AIC 为最优拟合公式评判指标；n 为样本个数；RSS 为残差平方和；ρ 为拟合方程参数的个数。

对基于 AIC 判断标准选定的拟合公式进行 F 检验。最后根据选定的最优拟合公式的参数和 F 检验的结果，将冬小麦实际产量的变化趋势分为产量无提升、产量停滞、产量下降和产量上升 4 种类型。具体如下：

(1)若最优拟合公式是常数方程或方程未通过 F 检验，则认为该县冬小麦产量变化类型为"产量从没有增加"。

(2)若最优拟合公式是一元一次方程且通过 F 检验，则冬小麦产量的变化趋势类型取决于拟合方程斜率的符号，如果斜率为正值，则认为冬小麦产量变化类型是"产量增加"；如果为负值，则认为产量变化类型是"产量下降"。

(3)若最优拟合公式是一元二次方程且通过 F 检验，则需要对拟合方程的二次项系数进行判断。如果为正值，则产量变化类型是"产量增加"；如果为负值，则说明产量会在某一年达到最大值，如果产量在 2010 年之后达到最大值，则该县的产量变化类型是"产量增加"，如果产量在 2010 年之前达到最大值，则需要比较 1981—1990 年和 2001—2010 年的产量平均值的高低，如果 2001—2010 年的产量高于 1981—1990 年，则产量变化类型为"产量停滞"，反之为"产量下降"。

(4)若最优拟合公式为一元三次方程且通过 F 检验，则需计算产量达到最高值和最低值的年份，如果产量在 2010 年之前达到最高值，则该县冬小麦的产量变化类型归为"产量停滞"；若在 2010 年之后达到最高值，则该县冬小麦的产量变化类型归为"产量增加"。

2.6　冬小麦干旱和冻害指标及分析方法

2.6.1　干旱指标和计算

作物水分亏缺(Crop Water Deficit Index,CWDI)是作物需水量与实际供水量之差与作物需水量的比值，以百分率(%)表示，是常用的农业干旱诊断指标之一，计算公式(张艳红 等，2008；黄晚华 等，2009)如下：

$$\mathrm{CWDI}_i = \begin{cases} (\mathrm{ET}_a - P_i)/\mathrm{ET}_c \times 100\% & \mathrm{ET}_c > P_i \\ 0 & \mathrm{ET}_c \leqslant P_i \end{cases} \tag{2.24}$$

式中，CWDI_i 为第 i 旬作物水分亏缺指数(%)；ET_a 为第 i 旬作物需水量(mm)；P_i 为第 i 旬降水量(mm)。

在实际应用中，某一旬的作物水分亏缺指数受到前几旬水分亏缺的影响，在研究某一旬的作物水分亏缺时考虑前 4 旬水分亏缺对本旬的影响，计算公式如下：

$$CWDI = a \times CWDI_i + b \times CWDI_{i-1} + c \times CWDI_{i-2} + d \times CWDI_{i-3} + e \times CWDI_{i-4}$$

$$(2.25)$$

式中，$CWDI$ 为作物生长季内按旬计算的累积水分亏缺指数；$CWDI_i$、$CWDI_{i-1}$、$CWDI_{i-2}$、$CWDI_{i-3}$ 和 $CWDI_{i-4}$ 分别为第 i 旬及其前 4 旬的水分亏缺指数；a、b、c、d、e 为对应旬的累积权重系数，一般取值分别为 0.3、0.25、0.2、0.15 和 0.1。

本书采用张玉静等(2014)对冬小麦干旱等级划分标准，如表 2.3 所示。

表 2.3　冬小麦作物水分亏缺指数(CWDI)的农业干旱等级

等级	类型	作物水分亏缺指数(%)	
		拔节—开花阶段	其他发育阶段
0	无旱	0＜CWDI≤25	0＜CWDI≤35
1	轻旱	25＜CWDI≤55	35＜CWDI≤65
2	中旱	55＜CWDI≤80	65＜CWDI≤85
3	重旱	80＜CWDI≤100	85＜CWDI≤100

2.6.2　冻害指标构建

气候变暖背景下，作物品种更替、种植制度变化、栽培技术和耕作方式改变，导致现有的冬小麦冻害指标已不能适应现有环境和农艺措施变化。因此，本书利用人工控制试验和大田验证相结合的方法重建了冬小麦不同冬春性品种指标。

2011—2013 年在中国农业大学西校区科学园和农业气象系实验室开展大田和人工控制试验。冬小麦品种为京 411(强冬性)、农大 211(冬性)和郑麦 366(半冬性)。试验采取盆栽方式，试验用塑料桶内径为 23.0 cm、高 22.0 cm，桶底开 4 个口径为 1.0 cm 的排水孔。盆栽用土取自北京市海淀区上庄试验站。

2011—2012 年冬小麦播种日期均为 10 月 6 日，2012—2013 年强冬性和冬性品种播种日期为 9 月 28 日，半冬性品种播种日期为 10 月 2 日。播种前，每个塑料桶装土 7.0 kg，施用复合肥 1.2 g，尿素 0.5 g，复合肥中 N∶P∶K＝15%∶15%∶15%。播种后将试验盆埋于科学园农田中，盆中土面与农田地表平齐，各盆之间缝隙用土填实。在冬小麦三叶期每盆定苗 12 株，试验期间保持土壤相对含水量在 70%～80%。越冬期将盆栽麦苗移至人工气候箱进行低温处理，2011—2012 年每个品种设 7 个温度处理，每个处理 6 盆；2012—2013 年每个品种设 5 个温度处理，每个处理 3 盆。各品种温度处理设置如表 2.4 所示。

表 2.4　冬小麦越冬期低温处理

冬春性类型	品种	温度设置(℃)	
		2011—2012 年	2012—2013 年
强冬性	京 411	−28，−26，−24，−22，−19，−16，−13，−10	−26，−24，−22，−20，−18，
冬性	农大 211	−26，−24，−22，−20，−18，−15，−12，−9	−24，−22，−20，−18，−16
半冬性	郑麦 366	−24，−22，−20，−18，−16，−13，−10，−7	−22，−20，−18，−16，−14

低温处理时，将试验盆栽麦苗移到人工气候箱，利用热敏电阻测定盆内分蘖节处(土深 3.0 cm)土壤温度，根据热敏电阻测得的温度值调控人工气候箱温度，以确保小麦分蘖节处土

壤温度与试验设定温度一致。先以 $1.5\ ℃\cdot h^{-1}$ 的降温速率降低人工气候箱内温度,当温度降低到设计的低温时恒定 $1\ h$,然后以 $1.5\ ℃\cdot h^{-1}$ 速率升温至箱内温度在 $0\sim5\ ℃$ 左右,再将麦苗移到另外的人工气候箱中保持 $0\sim5\ ℃$ 温度环境,化冻 $12\ h$ 左右,之后将麦苗移至 $15\sim20\ ℃$ 温室内至返青。

冬前,在室外盆栽冬小麦停止生长后,人工气候箱低温处理前,以盆为单位统计冬小麦株数(A_0),经过低温处理冬小麦在温室内返青后,分别统计各品种不同温度处理存活数(A_1)。冬小麦植株死亡判定标准是返青后不再长出新叶、叶片干枯卷缩、整株麦苗枯黄。冬小麦死亡率计算公式为:

$$y = \frac{A_0 - A_1}{A_0} \times 100\% \tag{2.26}$$

式中,y 为低温处理导致的冬小麦死亡率(%);A_0 为低温处理前每盆冬小麦株数(株);A_1 为不同低温处理下每盆冬小麦存活株数(株)。

冬小麦死亡率(y)与低温强度的关系用 Logisitic 负增长曲线方程来描述(郑维,1981;龚绍先 等,1982):

$$y = \frac{1}{1 + e^{aT+b}} \times 100\% \tag{2.27}$$

式中,a、b 为常数,可由低温 T 下冬小麦死亡率 y 统计数据及最小二乘法求解。根据式(2.27),可求得冬小麦死亡率分别为 1%、5%、10% 和 20% 时的土壤温度(LT_1、LT_5、LT_{10}、LT_{20})。

基于人工控制试验结果,利用统计分析方法初步得到不同冬春性品种越冬期冻害指标(LT_1、LT_5、LT_{10}、LT_{20})。利用河北省、河南省和山东省农业气象观测资料和河北省大田试验资料,对人工控制试验得到的冻害指标进行订正和验证,得到不同冬春性品种冻害指标,具体冻害指标构建过程见本书 7.3.1 节。

2.6.3　冻害对冬小麦产量影响试验

利用人工控制试验,通过设置不同的低温强度和低温日数模拟越冬期冻害过程,研究冻害对冬小麦产量的影响。试验于 2013—2016 年在北京市海淀区中国农业大学西校区科学园和农业气象系实验室进行。试验品种为京 411(强冬性)、农大 211(冬性)、郑麦 366(半冬性)和偃展 4110(弱春性)。试验采取盆栽方式,试验用塑料桶内径为 23.0 cm,高 22.0 cm,桶底开 4 个口径为 1.0 cm 的排水孔。盆栽用土取自北京市海淀区上庄实验站。2013—2014 年试验中京 411 和农大 211 品种播种日期为 9 月 28 日,郑麦 366 和偃展 4110 品种播种日期为 10 月 4 日。2014—2015 年试验中京 411 和农大 211 品种播种日期为 9 月 28 日,郑麦 366 和偃展 4110 品种播种日期为 10 月 6 日。2015—2016 年试验中京 411 和农大 211 品种播种日期为 9 月 30 日,郑麦 366 和偃展 4110 品种播种日期为 10 月 6 日。

播种前,每个塑料桶装土 7.5 kg,施用复合肥 2.0 kg,复合肥中 N:P:K=15%:15%:15%,返青后每盆施用 1.0 g 尿素(含氮量 46%)。播种后将试验盆埋于科学园试验农田中,盆中土面与农田地表平齐,并以土填实各盆之间缝隙。三叶期每盆定苗 15 株(2013—2014 年)或 10 株(2014—2016 年),试验期间保持土壤水分供应良好,土壤相对含水量在 70%~80% 范围内。在越冬期将盆栽麦苗移入实验室人工气候箱进行低温处理,各品种低温处理设置如表 2.5 所示,每个处理3盆。人工气候箱初始温度设定为试验设计的最高温度,将待处理的小麦移入人工气候箱后,以 $1.0\ ℃\cdot h^{-1}$ 的速率降温,直至设定的最低温度,然后恒定 3 h,同时测定塑料桶内土壤温度,然后以 $1.0\ ℃\cdot h^{-1}$ 的速率升温至设定的最高温度,恒定 3 h,重复降温和升温过程,直至完成试验设计的低温日数处理。处理结束后,将冬小麦人工气候箱,在 4 ℃ 左右温度下解冻和缓苗过渡,然后移至温室内返青和生长。待冬小麦成熟后收获考种,包括每盆产量、每盆穗数、穗粒数和千粒重。每个品种设置一组对照,不进行低温处理,在处理组结束处理移到人工气候箱的同时,将对照组放入人工气候箱缓苗过渡 48 h,然后移到温室内返青和生长,成熟时考种。

表 2.5　2013—2016 年冬小麦越冬期冻害试验各品种低温处理设置

冬春性	品种	最低温度（℃）	最高温度（℃）	低温日数(d)		
				2013—2014 年	2014—2015 年	2015—2016 年
强冬性	京 411	−14	−5	/	2,4,6,8,10	2,4,6,8,10
		−17	−8	/	5,6,7,8,9	1,2,3,5
冬性	农大 211	−14	−5	/	2,4,6,8,10	/
		−17	−8	1,2,3,5	5,6,9	/
半冬性	郑麦 366	−14	−5	3,5,6,8,9	2,3,5,6,8	/
		−16	−7	2,3,4,5,6	/	/
弱春性	偃展 4110	−11	−4	/	2,4,6,8	2,4,6,8,10
		−14	−5	/	2,3,5,6,8	/

注:"/"表示无处理。

2.6.4　干旱和冻害分析方法

(1)灾害频率

灾害频率是指研究时段内某站点某生育阶段灾害发生年份数与总年份数之比。根据灾害等级划分标准,计算各等级灾害发生频率,公式如下:

$$f = \frac{n}{N} \times 100\%　\qquad (2.28)$$

式中,f 为某等级灾害发生频率(%);n 为研究时段内某生育阶段发生某等级灾害的年份数;N 为该研究时段的总年份数。

(2)灾害发生站次比

灾害发生站次比是评价灾害发生范围的指标,用研究区域内发生某一等级灾害的台站数占该区域内总台站数的百分比表示,公式如下:

$$P_j = \frac{m}{M} \times 100\%　\qquad (2.29)$$

式中,P_j 为站次比(%);m 为研究区域内发生某一等级灾害的台站数;M 为研究区域内的台站总数。

2.7　冬小麦高产性、稳产性及适宜性评价方法

作物种植适宜性是指某地区作物的种植环境与作物生长所需环境条件的符合程度（韩湘玲 等,1991）。评价区域作物种植适宜性,需综合考虑作物的高产性和作物产量的波动性（即稳产性）,本书通过分析冬小麦光温产量潜力、光温水产量潜力、光温土产量潜力和实际产量的高产性、稳产性和适宜性进行华北冬小麦优势分区。

2.7.1　高产性、稳产性和适宜性指标

高产性是指作物产量水平的高低,研究时段内作物产量平均值高低反映高产性。本书将冬小麦研究时段内各站点光温产量潜力、光温水产量潜力、光温土产量潜力和实际产量的平均值作为高产性的研究指标。研究时段内某站点各级产量平均值越高,表明该站点的高产性越好。

稳产性是指作物逐年产量偏离产量标准值幅度的大小,即产量的稳定性。本书将产量变异系数作为稳产性指标。变异系数是均方根误差与均值的比值,反映某要素相对于该要素平均值的整体离散程度（许月卿 等,2005）,变异系数越大,表明波动程度越大,说明越不稳定（马开玉 等,1993）。某站点研究时段内产量的变异系数计算公式如下:

$$S = \sqrt{\frac{\sum_{i=1}^{n}(y_i - \overline{y})^2}{n}} \tag{2.30}$$

$$CV = \frac{S}{\overline{y}} \tag{2.31}$$

式中,S 为研究时段内作物产量的均方根误差;y_i 为研究时段内第 i 年的作物产量;$\overline{y}$ 为研究时段内的平均产量;CV 为研究时段内产量的变异系数;n 为研究时段内的年数。

选择产量的高稳系数（High-Stable Coefficient,HSC）作为评价冬小麦适宜性的指标,该指标可综合反映冬小麦产量的高产性和稳产性,高稳系数越高,则表示作物同时具有较好的高产性和稳产性（杨朝柱,1998）,也表明该地区冬小麦种植适宜性较高。某站点研究时段内的高稳系数计算公式如下:

$$HSC_i = \frac{\overline{y_i} - S_i}{\overline{y}} \tag{2.32}$$

式中,HSC_i 为研究时段内站点 i 的高稳系数;$\overline{y_i}$ 为 i 研究时段内的平均产量;S_i 为 i 研究时段内产量均方根误差;$\overline{y}$ 为研究时段内研究区域所有站点产量的平均值。

2.7.2　高产性、稳产性及适宜性等级划分

采用累积频率法（Cumulative Frequency Distribution,CFD）对冬小麦各级产量的高产性、稳产性及适宜性进行等级划分。累积频率指变量大于某一下限值出现的次数与总次数之比（施能,1995）,公式如下:

$$CFD = \frac{F_i}{F_n} \times 100\% \quad i = 1,2,3,\cdots,n \tag{2.33}$$

$$F_i = \sum_{1}^{i} f_i \qquad (2.34)$$

式中,CFD 为累积频率;n 为在变量取值范围(即介于最小值与最大值之间)内划分的数值等级数;f_i 为在第 i 个数值等级内变量发生的频数;F_i 为变量在不小于该数值等级内的频数;F_n 为变量取值范围内总频数。

基于各站点(县)冬小麦各级产量的平均值、变异系数和高稳系数,根据表 2.6 中各等级划分所对应的累积频率分布,得到各等级划分相应的产量的平均值、变异系数和高稳系数的具体数值(赵锦 等,2014;孙爽 等,2015)。

表 2.6 冬小麦产量潜力高产性、稳产性及适宜性等级划分标准

高产性分区	累积频率 CFD (%)	稳产性分区	累积频率 CFD (%)	适宜性分区	累积频率 CFD (%)
最高产区	CFD<25	最稳产区	CFD<25	最适宜区	CFD<25
高产区	25≤CFD<50	稳产区	25≤CFD<50	适宜区	25≤CFD<50
次高产区	50≤CFD<75	次稳产区	50≤CFD<75	次适宜区	50≤CFD<75
低产区	75≤CFD<100	低稳产区	75≤CFD<100	低适宜区	75≤CFD<100

参 考 文 献

龚绍先,张林,顾煜时,1982. 冬小麦越冬冻害的模拟研究[J]. 气象,8(11):30-31.

韩湘玲,1999. 农业气候学[M]. 太原:山西科学技术出版社.

韩湘玲,曲曼丽,1991. 作物生态学[M]. 北京:气象出版社.

黄晚华,杨晓光,曲辉辉,等,2009. 基于作物水分亏缺指数的春玉米季节性干旱时空特征分析[J]. 农业工程学报,25(08):28-34.

李克南,杨晓光,慕臣英,等,2013. 全球气候变暖对中国种植制度可能影响Ⅷ——气候变化对中国冬小麦冬春性品种种植界限的影响[J]. 中国农业科学,46(8):1583-1594.

刘巽浩,韩湘玲,1987. 中国的多熟种植[M]. 北京:北京农业大学出版社.

刘志娟,杨晓光,王静,等,2012. APSIM 玉米模型在东北地区的适应性[J]. 作物学报,38(4):740-746.

马开玉,丁裕国,屠其璞,等,1993. 气象统计原理与方法[M]. 北京:气象出版社.

施能,1995. 气象科研与预报中的多元分析方法[M]. 北京:气象出版社.

孙爽,杨晓光,赵锦,等,2015. 全球气候变暖对中国种植制度的可能影响Ⅺ. 气候变化背景下中国冬小麦潜在光温适宜种植区变化特征[J]. 中国农业科学,48(10):1926-1941.

许月卿,贾秀丽,2005. 近 20 年来中国区域经济发展差异的测定与评价[J]. 经济地理,25(5):600-603.

杨朝柱,1998. 用高稳系数法对小麦品种高产稳产适应性的评价[J]. 湖北农学院学报,18(4):299-301.

张艳红,吕厚荃,李森,2008. 作物水分亏缺指数在农业干旱监测中的适用性[J]. 气象科技,36(5):596-600.

张玉静,王春乙,张继权,2014. 华北地区冬小麦干旱危险性分析[J]. 自然灾害学报,23(6):183-192.

赵锦,杨晓光,刘志娟,等,2014. 全球气候变暖对中国种植制度的可能影响Ⅹ. 气候变化对东北三省春玉米气候适宜性的影响[J]. 中国农业科学,47(16):3143-3156.

郑维,1981. 冬小麦越冬冻害的数学模式[J]. 农业气象(3):35-43.

《中国气象百科全书》总编委会,2016. 中国气象百科全书:气象预报预测卷[M]. 北京:气象出版社.

AKAIKE H T,1974. A new look at the statistical model identification [J]. IEEE Transactions on Automatic

Control,19:716-723.

ALLEN R G,PEREIRA L S,RAES D,et al,1998. Crop Evapotranspiration:Guidelines for Computing Crop Water Requirements [R]. United Nations Food and Agriculture Organization,Irrigation and Drainage Paper 56. Rome,Italy.

DOORENBOS J,PRUITT W O,1998. Crop Water Requirements [R]. FAO Irrigation and Drainage Paper 24 (2nd edition).

EVANS L T,FISCHER R A,1999. Yield potential:its definition,measurement,and significance [J]. Crop Science,39:1544-1551.

GAYDON D S,BALWINDER-SINGH,WANG E L,et al,2017. Evaluation of the APSIM model in cropping systems of Asia [J]. Field Crops Research,204:52-75.

HOLZWORTH D P,HUTH N I,DE VOIL P G,et al,2014. APSIM-Evolution towards a new generation of agricultural systems simulation [J]. Environmental Modelling and Software,62:327-350.

KEATING B A,CARBERRY P S,HAMMER G L,et al,2003. An overview of APSIM,a model designed for farming systems simulation [J]. European Journal of Agronomy,18:267-288.

MCCOWN R L,HAMMER G L,HARGREAVES J N G,et al,1996. APSIM:A novel software system for model development,model testing and simulation in agricultural systems research [J]. Agricultural Systems,50:255-271.

RAY D K,RAMANKUTTY N,MUELLER N D,et al,2012. Recent patterns of crop yield growth and stagnation [J]. Nature Communications,3:1293.

STEWART B A,KOOHAFKAN P,RAMAMOORTHY K,2006. Dryland agriculture defined and its importance to the world [M]//Dryland Agriculture. Agronomy Monogragh 23. Madison:American Society of Agronomy,Crop Science Society of America,Soil Science Society of America:1-26.

VAN ITTERSUM M K,CASSMAN K G,GRASSINI P,et al,2013. Yield gap analysis with local to global relevance—a review [J]. Field Crops Research,143(1):4-17.

WILLMOTT C J,1982. Some comments on the evaluation of model performance [J]. Bulletin of the American Meteorological Society,63(11):1309-1313.

第3章 气候变化对冬小麦种植的影响

全球气候变化背景下冬小麦生长季农业气候资源发生相应变化,1961—2007年华北气候呈暖干趋势(曹倩 等,2011;杨晓光 等,2011;王斌 等,2012;王占彪 等,2015),冬小麦种植界限亦发生了明显变化(高志强 等,2004;杨晓光 等,2010;王培娟 等,2012;李祎君 等,2013)。本章基于1981—2015年研究区域各气象站点逐日地面气象观测数据及冬小麦种植面积和产量等统计数据,分析研究区域冬小麦种植现状,明确气候变化背景下冬小麦生长季内农业气候资源的时空变化特征及冬小麦种植北界变化。研究中选择太阳总辐射作为光照资源指标,选择日最高气温、日最低气温和日平均气温≥0℃活动积温作为热量资源指标,选择降水量作为水分资源指标,重点分析冬小麦营养生长阶段(播种—开花,花前)和生殖生长阶段(开花—成熟,花后)气候资源的变化。

3.1 冬小麦种植现状

3.1.1 播种面积

1981—2010年研究区域冬小麦总种植面积约为1129万hm²,河南种植面积最大,约为480万hm²,占该区域总种植面积的42.5%,其次是山东(376万hm²)占33.3%,河北(246万hm²)占21.8%,北京和天津仅占该区域种植面积的2.4%。1981—2010年,研究区域冬小麦种植面积总体呈增加趋势(6770 hm²·a⁻¹),其中1981—1999年种植面积呈极显著增加的趋势,1999—2004年呈极显著下降,而后又快速增加,2007—2010年趋于稳定(图3.1a)。研究区域内各省(市)冬小麦种植面积变化趋势有所不同,北京和天津总体呈下降趋势,尤其1999—2004年最为明显(图3.1b、图3.1c);河北省变化趋势同该区域总体变化趋势比较一致,呈波动性上升趋势(图3.1d);山东省20世纪80年代初期种植面积快速增加,1987年以后呈波动下降趋势,特别是1999年之后下降趋势明显,2005年后趋于稳定(图3.1e);河南省1981—2010年冬小麦种植面积虽有波动,但总体呈极显著增加趋势,每年增加30867 hm²,增加趋势随着年份逐渐降低(图3.1f)。综上,研究区域冬小麦种植面积在波动中逐渐趋于稳定,面积进一步扩大的可能性不大,提高冬小麦单产是提升研究区域冬小麦总产的途径。

利用县级数据,进一步分析研究区域冬小麦种植面积及其变化趋势空间分布特征。图3.2a为各县实际种植面积,每个点代表3000 hm²,点密度代表当地冬小麦种植量,点密度越高,代表当地冬小麦种植面积越大。图3.2b为研究区域内各县冬小麦种植面积1981—2010年变化趋势,从图中可知,冬小麦种植面积有增有减,范围为−1570~1667 hm²·a⁻¹,其中46.4%的县种植面积呈下降趋势,包括山东半岛、河北北部、北京、天津、河南西南部和南部,冬小麦种植面积下降的县多为种植面积占比较小的县;冬小麦种植面积呈上升趋势的区域多为小麦种植面积占比较高的区域。

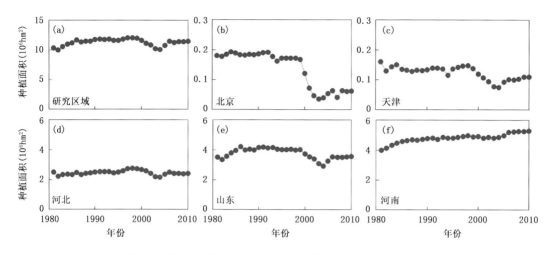

图 3.1　研究区域及各省(市)冬小麦种植面积时间变化趋势

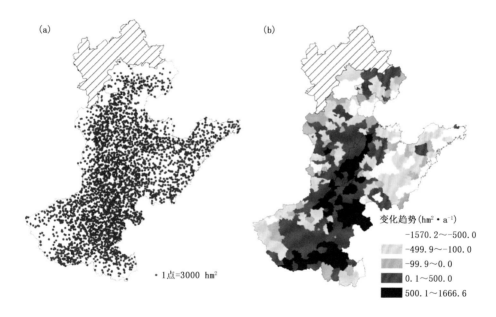

图 3.2　1981—2010 年研究区域冬小麦种植面积(a)及变化趋势(b)空间分布

3.1.2　单位面积产量

（1）空间分布特征

1981—2010 年研究区域冬小麦实际产量空间上差异较大,为 1704～7334 kg·hm⁻²（图3.3a）,研究区域面积加权平均产量为 4508 kg·hm⁻²,变异系数为 19.1%。从图 3.4 可知,研究区域冬小麦种植面积随产量增加呈正态分布趋势,产量平均值附近种植面积最高。24%的种植面积冬小麦产量低于 4000 kg·hm⁻²,主要分布在河南省南部信阳市、南阳市、三门峡市和洛阳市,以及河北省西北部沧州沿海地区和山东省中部山区;近50%冬小麦种植面积产量在 4000～5000 kg·hm⁻²;冬小麦产量高值区(高于 5000 kg·hm⁻²)主要分布于河北省石家庄市,山东省德州、济宁和潍坊北部以及河南省周口、濮阳和新乡等地。

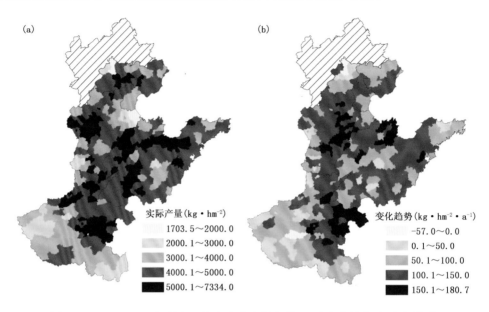

图 3.3   1981—2010 年研究区域冬小麦实际产量(a)及变化趋势(b)空间分布

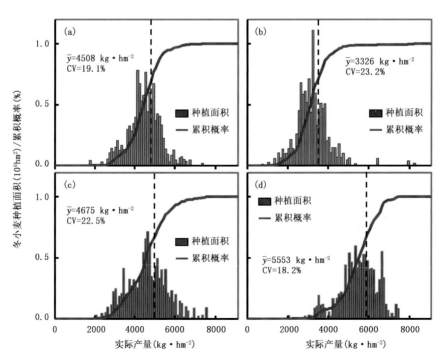

图 3.4   研究区域冬小麦实际产量水平下种植面积及累积概率
(虚线表示平均产量所在位置,$\bar{y}$ 为平均产量,CV 为变异系数)
(a) 1981—2010 年;(b) 1981—1990 年;(c) 1991—2000 年;(d) 2001—2010 年

（2）时间分布特征

1981—2010 年研究区域冬小麦实际产量提高迅速，平均每年增加 115 kg·hm^{-2}，各县提高趋势不同，利用线性拟合可知，冬小麦产量变化趋势为 $-57 \sim 181$ kg·hm^{-2}·a^{-1}。从图 3.3b 的冬小麦实际产量变化趋势中可知，在 12% 冬小麦种植面积上，其产量提高趋势大于 150 kg·hm^{-2}·a^{-1}，主要分布于河南省西北部商丘和周口、河北省中东部衡水部分地区以及山东省北部东营等地；只有 35% 的冬小麦种植面积产量变化趋势小于 100 kg·hm^{-2}·a^{-1}，主要分布于河南南阳、山东西部泰安和济宁等地。研究时段内冬小麦实际产量极显著提高，但在各时段变化趋势不同。1981—1997 年研究区域冬小麦实际产量稳步提高，1998—2003 年产量呈下降趋势，2004 年之后产量又恢复性提高，然而提高速度随着时间变化呈下降趋势，2005 年之后 32% 冬小麦种植面积产量无提高趋势。1981—2010 年不同年代冬小麦高产区域呈增加趋势，同时变异系数下降（图 3.4），表明区域间产量差异缩小，栽培管理技术水平进步是主要原因。各省（市）产量变化趋势略有不同（图 3.5），北京 20 世纪 90 年代开始冬小麦产量呈下降趋势（图 3.5b）；天津 90 年代后期产量下降，进入 21 世纪后，产量趋于稳定（图 3.5c）；河北、山东和河南 3 省变化趋势类似（图 3.5d～f），均在 1998—2003 年产量出现下降，之后河南省增加趋势最明显（图 3.5e）。

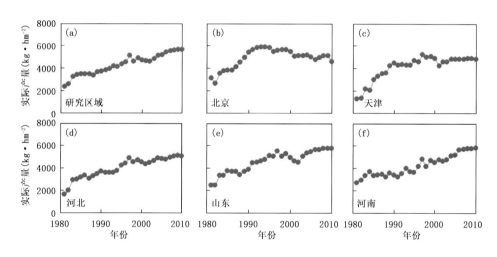

图 3.5 研究区域及各省（市）冬小麦实际产量时间变化趋势

通过产量与时间的线性拟合，可看出产量变化趋势。然而，在线性拟合过程中平滑掉很多短时间内的变化趋势，漏掉很多有效信息。为了更好地挖掘信息，利用本书 2.5 节产量变化特征分析方法，利用恒定值、一次方程、二次方程和三次方程对各县产量和时间分别进行拟合，找出各县最优的拟合方程，从而判断各县在 1981—2010 年的产量变化趋势。结果如图 3.6 和表 3.1 所示。

图 3.6 为各县农户实际产量与时间最优拟合曲线和各县产量变化趋势类型。从图 3.6a 可知，仅有 7 个县产量拟合结果符合恒定值模型，主要分布于河南省中西部，表明这些县的小麦产量过去 30 年没有变化；符合一次方程的县占总数的 34.2%，主要分布在河南省北部和东部、山东省西南部；符合二次方程的占总数的 48.4%，主要分布在河南省南部、山东省中北部和河北省大部；符合三次方程的县占总数的 15.5%，主要分布在河北省石家庄和廊坊等地及

山东省聊城市。从图 3.6b 可知,河南省大部分县农户冬小麦实际产量一直呈提高趋势,而河北省、山东省、北京市和天津市等已出现产量停滞现象。从表 3.1 可知,研究区域 33.6％的冬小麦种植面积产量没有提高,66.4％的种植面积冬小麦产量一直提高。除北京和天津外,河北省产量停滞现象最为明显,59.5％的冬小麦种植面积产量处于停滞状态;山东省 48.8％的冬小麦种植面积产量处于停滞状态。河南省虽然产量停滞现象不明显(仅为 4.7％),但从图 3.5 可知,冬小麦农户实际产量提高趋势变慢。

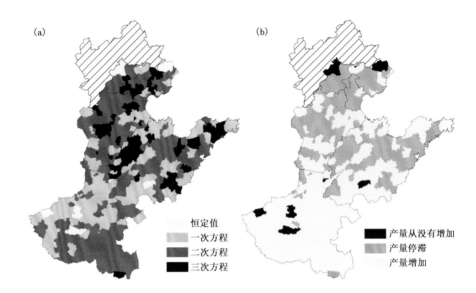

图 3.6　1981—2010 年研究区域冬小麦各县实际产量最优拟合曲线(a)和产量变化趋势类型(b)空间分布

表 3.1　1981—2010 年研究区域冬小麦产量变化趋势各类型种植面积及所占比例

	产量变化趋势	研究区域		河北		河南		山东	
		面积 (10^6 hm²)	比例 (％)	面积 (10^6 hm²)	比例 (％)	面积 (10^6 hm²)	比例 (％)	面积 (10^6 hm²)	比例 (％)
NI	产量停滞	3.64	32.3	1.45	59.5	0.12	2.4	1.83	47.9
	产量从未增加	0.14	1.3	0	0	0.11	2.3	0.03	0.9
	产量下降	0	0	0	0	0	0	0	0
	总计	3.78	33.6	1.45	59.5	0.22	4.7	1.86	48.8
IN	产量增加	7.47	66.4	0.98	40.5	4.53	95.3	1.95	51.2

注:NI 指产量没有增长,IN 指产量增长。

3.2　冬小麦生长季内农业气候资源变化特征

气候变化背景下,冬小麦生长季农业气候资源也发生变化,本节分别计算了研究区域 1981—2015 年冬小麦营养生长阶段(播种—开花,花前)、生殖生长阶段(开花—成熟,花后)光照、热量和水分资源,明确研究区域冬小麦生长季内农业气候资源空间分布和演变趋势,并比较花前和花后农业气候资源变化。

3.2.1 冬小麦生长季光照资源时空分布

分析 1981—2015 年冬小麦营养生长阶段和生殖生长阶段太阳总辐射的空间分布特征(图 3.7a),两个阶段冬小麦生长季内太阳总辐射比较如表 3.2 所示。由图 3.7a 和表 3.2 可知,1981—2015 年研究区域冬小麦营养生长阶段太阳总辐射变化范围为 1649~2595 MJ·m^{-2},平均为 2188 MJ·m^{-2},整体呈由西南向东北方向逐渐递增的趋势,高值区主要分布在河北省北部及北京市、天津市,均在 2401 MJ·m^{-2} 以上;低值区主要分布在河南省,大部分地区低于 2000 MJ·m^{-2}。其中,京津冀冬小麦营养生长阶段太阳总辐射变化范围为 2268~2595 MJ·m^{-2},平均为 2438 MJ·m^{-2};山东省冬小麦营养生长阶段太阳总辐射变化范围为 2010~2414 MJ·m^{-2},平均为 2243 MJ·m^{-2};河南省冬小麦营养生长阶段太阳总辐射变化范围为 1649~2285 MJ·m^{-2},平均为 1900 MJ·m^{-2}。

1981—2015 年冬小麦生殖生长阶段太阳总辐射的空间分布特征如图 3.7b 所示。由图 3.7b 和表 3.2 可知,过去 35 年冬小麦生殖生长阶段太阳总辐射范围为 645~836 MJ·m^{-2},平均为 757 MJ·m^{-2},整体呈由西南向东北方向逐渐递增的趋势,高值区主要分布在河北省唐山—乐亭一带、保定—饶阳—南宫一带和山东省东部,均在 781 MJ·m^{-2} 以上;低值区主要分布在河南省新乡—安阳一带和南阳—驻马店一带,大部分地区均低于 720 MJ·m^{-2}。其中,京津冀地区冬小麦生殖生长阶段太阳总辐射变化范围为 645~836 MJ·m^{-2},平均为 775 MJ·m^{-2};山东省冬小麦生殖生长阶段太阳总辐射变化范围为 727~820 MJ·m^{-2},平均为 773 MJ·m^{-2};河南省冬小麦生殖生长阶段太阳总辐射变化范围为 693~766 MJ·m^{-2},平均为 729 MJ·m^{-2}(表 3.2)。

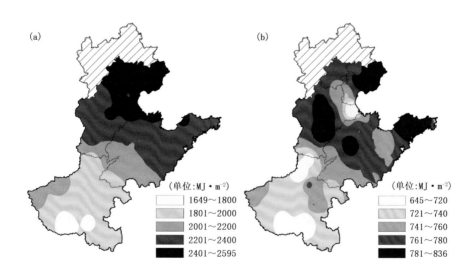

图 3.7 冬小麦营养生长阶段(a)和生殖生长阶段(b)太阳总辐射空间分布

表 3.2 1981—2015 年冬小麦营养生长阶段和生殖生长阶段太阳总辐射

单位:MJ・m^{-2}

生长阶段	项目	京津冀	山东	河南	研究区域
营养生长阶段	最低值	2268.4	2009.5	1649.3	1649.3
	最高值	2594.5	2413.6	2185.0	2594.5
	平均值	2437.7	2242.7	1900.4	2187.5
生殖生长阶段	最低值	645.2	727.7	692.7	645.2
	最高值	835.5	819.5	766.3	835.5
	平均值	774.6	772.6	729.1	756.9

 1981—2015 年各区域冬小麦营养生长阶段和生殖生长阶段太阳总辐射时间变化趋势如图 3.8 所示。由图 3.8a 可以看出,冬小麦营养生长阶段和生殖生长阶段太阳总辐射呈不对称变化趋势,营养生长阶段太阳总辐射呈显著下降趋势,平均每 10 年降低 60.4 MJ・m^{-2},而生殖生长阶段呈显著升高趋势,平均每 10 年升高 7.7 MJ・m^{-2}。其中,京津冀地区及河南省冬小麦营养生长阶段和生殖生长阶段太阳总辐射亦呈不对称性变化趋势,河南省花前、花后不对称变化最明显.营养生长阶段太阳总辐射呈显著下降趋势,平均每 10 年降低 66.2 MJ・m^{-2},而生殖生长阶段呈显著升高趋势,平均每 10 年升高 13.7 MJ・m^{-2};京津冀地区冬小麦营养生长阶段太阳总辐射呈显著下降趋势,平均每 10 年降低 60.2 MJ・m^{-2},而生殖生长阶段呈

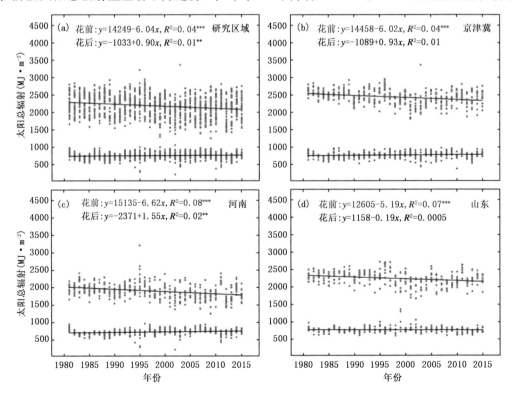

图 3.8 1981—2015 年冬小麦营养生长阶段和生殖生长阶段太阳总辐射变化趋势

(** 和 *** 分别表示通过了显著性水平为 0.01 和 0.001 的检验)

上升趋势,平均每 10 年升高 7.8 MJ·m^{-2};山东省冬小麦花前、花后太阳总辐射均呈下降趋势,其中营养生长阶段太阳总辐射呈显著下降趋势,平均每 10 年降低 51.9 MJ·m^{-2},而生殖生长阶段变化趋势不显著。

3.2.2　冬小麦生长季内热量资源的时空分布

下面分析 1981—2015 年冬小麦营养生长阶段和生殖生长阶段日最高气温、日最低气温及日平均气温≥0 ℃活动积温的时空分布。

（1）日最高气温

1981—2015 年冬小麦营养生长阶段和生殖生长阶段日最高气温的空间分布如图 3.9 所示,两个阶段冬小麦生长季日最高气温比较见表 3.3。由图 3.9a 和表 3.3 可知,1981—2015 年冬小麦营养生长阶段日最高气温变化范围为 8.3～13.8 ℃,平均为 11.6 ℃,整体呈由西南向东北逐渐降低的趋势,高值区主要分布在河南省南部,均在 12.6 ℃以上;低值区主要分布在河北省唐山—乐亭一带及山东省东部,均低于 10.5 ℃。其中,京津冀地区冬小麦营养生长阶段日最高气温变化范围为 9.6～12.3 ℃,平均为 11.0 ℃;山东省冬小麦营养生长阶段日最高气温变化范围为 8.3～12.3 ℃,平均为 11.0 ℃;河南省冬小麦营养生长阶段日最高气温变化范围为 12.0～13.8 ℃,平均为 12.6 ℃。

1981—2015 年冬小麦生殖生长阶段日最高气温的空间分布如图 3.9b 所示。由图 3.9b 和表 3.3 可知,过去 35 年冬小麦生殖生长阶段日最高气温变化范围为 18.4～28.4 ℃,平均为 26.6 ℃,整体呈由西向东逐渐降低的趋势,高值区主要分布在河北省石家庄—保定—饶阳—南宫一带,均在 28.1 ℃以上;低值区主要分布在山东省东部,均低于 25.0 ℃。其中,京津冀地区冬小麦生殖生长阶段日最高气温变化范围为 25.6～28.4 ℃,平均为 27.7 ℃;山东省冬小麦生殖生长阶段日最高气温变化范围为 18.4～28.2 ℃,平均为 25.1 ℃;河南省冬小麦生殖生长阶段日最高气温变化范围为 25.4～27.5 ℃,平均为 26.4 ℃。

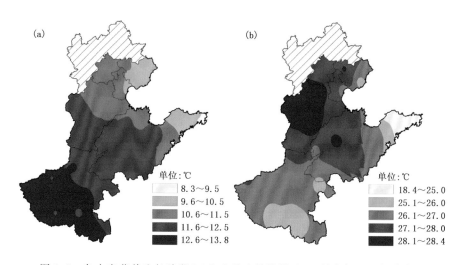

图 3.9　冬小麦营养生长阶段(a)和生殖生长阶段(b)日最高气温空间分布

表3.3　1981—2015年冬小麦营养生长阶段和生殖生长阶段日最高气温　　单位:℃

生长阶段	项目	京津冀	山东	河南	研究区域
营养生长阶段	最低值	9.6	8.3	12.0	8.3
	最高值	12.3	12.3	13.8	13.8
	平均值	11.0	11.0	12.6	11.6
生殖生长阶段	最低值	25.6	18.4	25.4	18.4
	最高值	28.4	28.2	27.5	28.4
	平均值	27.7	25.1	26.4	26.6

　　1981—2015年各区域冬小麦营养生长阶段及生殖生长阶段日最高气温时间变化趋势如图3.10所示。由图3.10a可以看出,过去35年冬小麦营养生长阶段和生殖生长阶段日最高气温均呈显著升高的趋势,且平均每10年均升高0.2 ℃。其中,京津冀地区和山东省日最高气温表现为花后升高速率大于花前,京津冀地区变化趋势呈显著水平,花前日最高气温以0.2 ℃·(10a)$^{-1}$的速率升高,花后以0.4 ℃·(10a)$^{-1}$的速度升高。河南省冬小麦营养生长阶段日最高气温的升高速率高于花后,营养生长阶段日最高气温表现为每10年升高0.2 ℃,生殖生长阶段日最高气温每10年升高0.1 ℃。

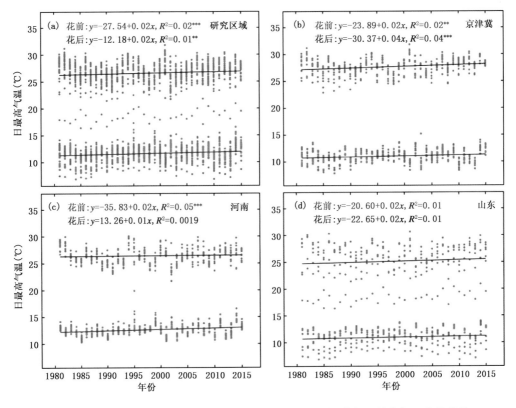

图3.10　1981—2015年冬小麦营养生长阶段和生殖生长阶段日最高气温变化趋势
(＊＊ 和 ＊＊＊ 分别表示通过了显著性水平为 0.01 和 0.001 的检验)

（2）日最低气温

1981—2015 年冬小麦营养生长阶段和生殖生长阶段日最低气温的空间分布如图 3.11 所示，两个阶段冬小麦生长季内日最低气温比较见表 3.4。由图 3.11a 和表 3.4 可知，1981—2015 年冬小麦营养生长阶段日最低气温变化范围为－1.5～3.8 ℃，平均为 1.5 ℃，整体呈由北向南逐渐升高的趋势，高值区主要分布在河南省南部西峡—南阳—西华—驻马店一带，均在2.6 ℃以上；低值区主要分布在河北省遵化—唐山—乐亭一带，均低于 0 ℃。其中，京津冀地区冬小麦营养生长阶段日最低气温变化范围为－1.5～2.4 ℃，平均为 0.4 ℃；山东省冬小麦营养生长阶段日最低气温变化范围为 0.5～3.4 ℃，平均为 1.8 ℃；河南省冬小麦营养生长阶段日最低气温变化范围为 0.5～3.8 ℃，平均为 2.3 ℃。

1981—2015 年冬小麦生殖生长阶段日最低气温的空间分布如图 3.11b 所示。由图 3.11b和表 3.4 可知，过去 35 年冬小麦生殖生长阶段日最低气温变化范围为 12.3～17.9 ℃，平均为15.2 ℃，整体呈自东南向西北逐渐升高的趋势，高值区主要分布在河北省石家庄—保定一带、天津市及山东省济南，均在 16.1 ℃以上；低值区主要分布在河南省许昌—驻马店—卢氏一带及山东省潍坊，均低于 14.5 ℃。其中，京津冀地区冬小麦生殖生长阶段日最低气温变化范围为 14.9～17.3 ℃，平均为 15.9 ℃；山东省冬小麦生殖生长阶段日最低气温变化范围为12.3～17.9 ℃，平均为 14.9 ℃；河南省冬小麦生殖生长阶段日最低气温变化范围为 12.9～15.8 ℃，平均为 14.8 ℃。

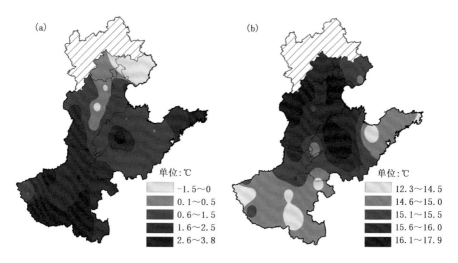

图 3.11　冬小麦营养生长阶段(a)和生殖生长阶段(b)日最低气温空间分布

表 3.4　1981—2015 年冬小麦营养生长阶段和生殖生长阶段日最低气温　　　单位：℃

生长阶段	项目	京津冀	山东	河南	研究区域
营养生长阶段	最低值	－1.5	0.5	0.5	－1.5
	最高值	2.4	3.4	3.8	3.8
	平均值	0.4	1.8	2.3	1.5
生殖生长阶段	最低值	14.9	12.3	12.9	12.3
	最高值	17.3	17.9	15.8	17.9
	平均值	15.9	14.9	14.8	15.2

1981—2015 年冬小麦营养生长阶段及生殖生长阶段日最低气温时间变化如图 3.12 所示。由图 3.12a 可以看出,过去 35 年冬小麦营养生长阶段和生殖生长阶段日最低气温均呈显著升高的趋势,平均每 10 年分别升高 0.5 和 0.6 ℃。其中,京津冀地区和山东省冬小麦生长季内日最低气温变化趋势表现为花后升高速率大于花前。京津冀地区冬小麦花前日最低气温以 0.5 ℃·(10a)$^{-1}$ 的速率升高,花后以 0.7 ℃·(10a)$^{-1}$ 的速率升高;山东省冬小麦花前日最低气温以 0.5 ℃·(10a)$^{-1}$ 的速率升高,花后以 0.6 ℃·(10a)$^{-1}$ 的速率升高;河南省冬小麦营养生长阶段日最低气温的升高速率高于花后,营养生长阶段日最低气温表现为每 10 年升高 0.5 ℃,生殖生长阶段日最低气温每 10 年升高 0.4 ℃。

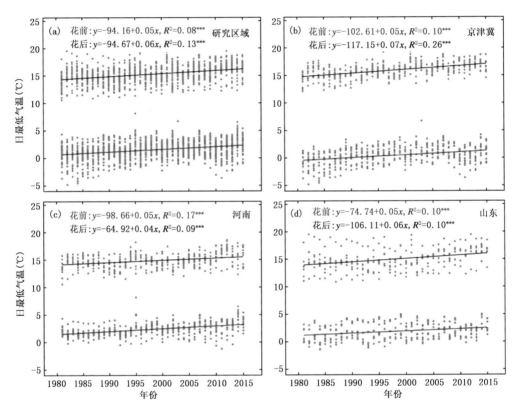

图 3.12　1981—2015 年冬小麦营养生长阶段和生殖生长阶段日最低气温变化趋势
(** 和 *** 分别表示通过了显著性水平为 0.01 和 0.001 的检验)

(3)日平均气温≥0 ℃活动积温

1981—2015 年冬小麦营养生长阶段和生殖生长阶段日平均气温≥0 ℃活动积温的空间分布如图 3.13 所示,两个阶段冬小麦生长季内日平均气温≥0 ℃积温比较见表 3.5。由图 3.13a 和表 3.5 可知,1981—2015 年冬小麦营养生长阶段日平均气温≥0 ℃积温变化范围为 1168.9～1629.1 ℃·d,平均为 1358.6 ℃·d,整体呈中间低两边高的分布特征,高值区主要分布在河北省石家庄—邢台一带、河南省安阳—新乡—孟津—西峡一带及山东省济南,均在 1391 ℃·d 以上;低值区主要分布在河北省饶阳—南宫一带,均低于 1210 ℃·d。其中,京津冀地区冬小麦营养生长阶段日平均气温≥0 ℃积温变化范围为 1168.9～1538.3 ℃·d,平均为 1333.4 ℃·d;山东省冬小麦营养生长阶段日平均气温≥0 ℃积温变化范围为 1251.5～1629.1 ℃·d,平均为 1371.5 ℃·d;河南省冬小麦营养生长阶段日平均气温≥0 ℃积温变化范围为 1232.1～1515.5 ℃·d,平均为 1375.3 ℃·d。

1981—2015 年冬小麦生殖生长阶段日平均气温≥0 ℃积温的空间分布如图 3.13b 所示。由图 3.13b 和表 3.5 可知,1981—2015 年研究区域地区冬小麦生殖生长阶段日平均气温≥0 ℃积温变化范围为 623.8～947.1 ℃·d,平均为 821.8 ℃·d,整体呈西南高东北低的空间分布特征,高值区主要分布在河北省石家庄—邢台一带,河南省安阳、开封,以及山东省济南—兖州一带,均在 861 ℃·d 以上;低值区主要分布在河北省霸州—黄骅一带及山东省东部,均低于 800 ℃·d。其中,京津冀地区冬小麦生殖生长阶段日平均气温≥0 ℃积温变化范围为 669.1～889.1 ℃·d,平均为 812.6 ℃·d;山东省冬小麦生殖生长阶段日平均气温≥0 ℃积温变化范围为 623.8～947.1 ℃·d,平均为 803.2 ℃·d;河南省冬小麦生殖生长阶段日平均气温≥0 ℃积温变化范围为 807.3～878.9 ℃·d,平均为 842.7 ℃·d。

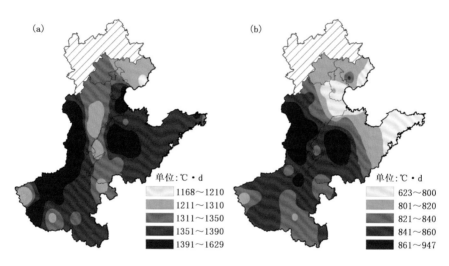

图 3.13　冬小麦营养生长阶段(a)和生殖生长阶段(b)日平均气温≥0 ℃活动积温空间分布

表 3.5　1981—2015 年冬小麦营养生长阶段和生殖生长阶段日平均气温≥0 ℃活动积温

单位:℃·d

生长阶段	项目	京津冀	山东	河南	研究区域
	最低值	1168.9	1251.5	1232.1	1168.9
营养生长阶段	最高值	1538.3	1629.1	1515.5	1629.1
	平均值	1333.4	1371.5	1375.3	1358.6
	最低值	669.1	623.8	807.3	623.8
生殖生长阶段	最高值	889.1	947.1	878.9	947.1
	平均值	812.6	803.2	842.7	821.8

1981—2015 年冬小麦营养生长阶段和生殖生长阶段日平均气温≥0 ℃积温时间变化趋

势如图 3.14 所示。由图 3.14a 可以看出,过去 35 年冬小麦营养生长阶段及生殖生长阶段日平均气温≥0 ℃积温均呈显著增加的趋势,平均每 10 年分别升高 45.3 和 37.1 ℃·d。营养生长阶段的变化速率大于生殖生长阶段,其中,京津冀地区冬小麦花前日平均气温≥0 ℃积温以 48.7 ℃·d·(10a)$^{-1}$ 的速率升高,花后以 41.5 ℃·d·(10a)$^{-1}$ 的速率升高;河南省冬小麦花前日平均气温≥0 ℃积温以 50.3 ℃·d·(10a)$^{-1}$ 的速率升高,花后以 38.0 ℃·d·(10a)$^{-1}$ 的速率升高;山东省冬小麦花前日平均气温≥0 ℃积温以 32.5 ℃·d·(10a)$^{-1}$ 的速率升高,花后以 28.6 ℃·d·(10a)$^{-1}$ 的速率升高。

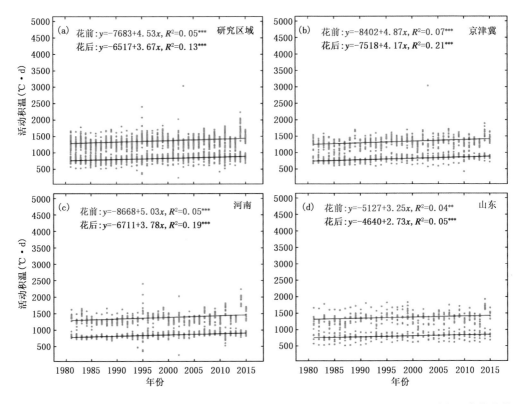

图 3.14　1981—2015 年冬小麦营养生长阶段和生殖生长阶段日平均气温≥0 ℃活动积温变化趋势

3.2.3　冬小麦生长季内水分资源的时空分布

　　1981—2015 年冬小麦营养生长阶段和生殖生长阶段降水量的空间分布如图 3.15 所示,两个阶段冬小麦生长季内降水量比较见表 3.6。由图 3.15a 和表 3.6 可知,1981—2015 年冬小麦营养生长阶段降水量变化范围为 67.9～196.0 mm,平均为 113.2 mm,整体呈由南向北逐渐降低的空间分布特征,高值区主要分布在河南省南部,均在 141 mm 以上;低值区主要分布在河北省霸州—保定—南宫一带,均低于 80 mm。其中,京津冀地区冬小麦营养生长阶段降水量变化范围为 67.9～95.8 mm,平均为 81.9 mm;山东省冬小麦营养生长阶段降水量变化范围为 86.0～166.0 mm,平均为 119.5 mm;河南省冬小麦营养生长阶段降水量变化范围为 91.4～196.0 mm,平均为 140.3 mm。

　　由图 3.15b 和表 3.6 可知,1981—2015 年冬小麦生殖生长阶段降水量变化范围为 46.2～104.7 mm,平均为 69.8 mm,整体呈由南向北逐渐降低的空间分布特征,高值区主要分布在河南省南部,均在 91 mm 以上;低值区主要分布在河北省和天津市,大部分地区低于 60 mm。其中,京津冀地区冬小麦生殖生长阶段降水量变化范围为 46.2～79.6 mm,平均为 55.8 mm;山东省冬小麦生殖生长阶段降水量变化范围为 56.9～79.9 mm,平均为 68.9 mm;河南省冬小麦生殖生长阶段降水量变化范围为 56.4～104.7 mm,平均为 84.3 mm。

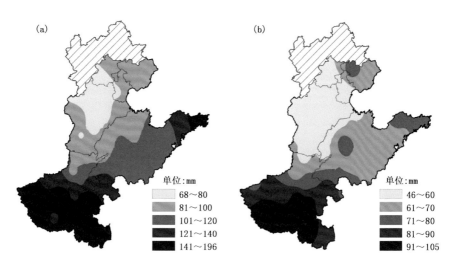

图 3.15　冬小麦营养生长阶段(a)和生殖生长阶段(b)降水量空间分布

表 3.6　1981—2015 年冬小麦营养生长阶段和生殖生长阶段降水量　　　　　　单位:mm

生长阶段	项目	京津冀	山东	河南	研究区域
营养生长阶段	最低值	67.9	86.0	91.4	67.9
	最高值	95.8	166.0	196.0	196.0
	平均值	81.9	119.5	140.3	113.2
生殖生长阶段	最低值	46.2	56.9	56.4	46.2
	最高值	79.6	79.9	104.7	104.7
	平均值	55.8	68.9	84.3	69.8

　　1981—2015 年冬小麦营养生长阶段及生殖生长阶段降水量时间变化如图 3.16 所示。由图 3.16a 可以看出,过去 35 年冬小麦营养生长阶段和生殖生长阶段降水量均呈增加趋势,但变化趋势不显著,平均每 10 年分别增加 0.9 和 1.0 mm。其中,京津冀地区冬小麦花前降水量以 3.5 mm·(10a)$^{-1}$ 的速率增加,花后以 4.1 mm·(10a)$^{-1}$ 的速率增加;河南省冬小麦花前降水量以 2.1 mm·(10a)$^{-1}$ 的速率减少,花后以 0.6 mm·(10a)$^{-1}$ 的速率减少;山东省冬小麦花前降水量以 1.6 mm·(10a)$^{-1}$ 的速率增加,花后以 1.2 mm·(10a)$^{-1}$ 的速率减少。

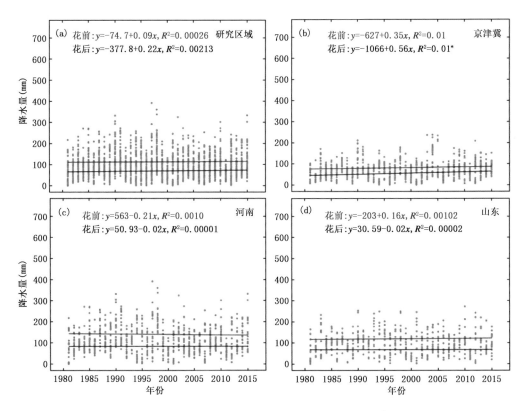

图 3.16　1981—2015 年冬小麦营养生长阶段和生殖生长阶段降水量变化趋势

（＊表示通过了显著性水平为 0.05 的检验）

3.3　气候变化对冬小麦种植北界的影响

越冬期冻害是制约冬小麦能否安全种植的重要因素，本节根据冬小麦越冬期不同程度冻害指标（冻害指标构建过程详见本书第 7 章），将各品种严重冻害（冬小麦死亡率 20%）最低气温指标（取整数）作为强冬性、冬性、半冬性品种种植北界指标，以最低气温−12 ℃作为春性品种种植北界指标（李克南 等，2013），以 80% 保证率下年极端最低气温−21 ℃、−20 ℃、−18 ℃和−12 ℃的等值线分别作为强冬性、冬性、半冬性和春性品种种植北界，以不同冬春性品种完成春化阶段所需温度和日数确定不同冬春性品种种植南界（表 3.7），根据不同品种种植北界和南界确定该品种可种植区。以 1951—1980 年（时段Ⅰ）为基准时段，分析 1981—2015 年（时段Ⅱ）不同冬春性品种种植界限和可种植区域的变化。

表 3.7　不同冬春性品种可种植界限指标

项目	强冬性品种	冬性品种	半冬性品种	春性品种
年极端最低气温(℃)	−21	−20	−18	−12
完成春化阶段所需温度(℃)	0~3	0~7	0~7	0~12
完成春化阶段所需日数(d)	>45	30~45	15~30	<15

基于冬小麦冻害指标、完成春化阶段所需温度和日数,确定冬小麦冬春性品种种植界限和可能种植区域变化特征,图 3.17 表示研究区域强冬性品种、冬性品种、半冬性品种、春性品种种植界限和可种植区域变化特征,图中蓝线和红线分别表示 1951—1980 年(时段Ⅰ)和1981—2015 年(时段Ⅱ)冬小麦种植界限。

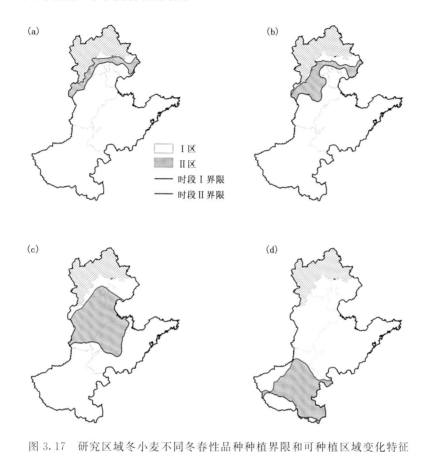

图 3.17　研究区域冬小麦不同冬春性品种种植界限和可种植区域变化特征
(a)强冬性品种;(b)冬性品种;(c)半冬性品种;(d)春性品种
(Ⅰ区和Ⅱ区分别表示与时段Ⅰ相比较,时段Ⅱ冬小麦种植界限北移无变动区域和变动区域)

由图 3.17a 可知,时段Ⅰ研究区域强冬性品种种植北界为乐亭—唐山—北京—保定—石家庄一线,该界限以北地区不适宜种植冬小麦,该界限以南均可种植冬小麦,研究区域无冬小麦种植南界,可种植区域总面积为 39.97 万 km²。与时段Ⅰ相比,时段Ⅱ强冬性品种种植北界呈北移西扩趋势,分别向北和向西移动约 50 和 40 km,研究区域北部的秦皇岛、遵化和北京西北部地区也可以种植强冬性品种。与时段Ⅰ相比,时段Ⅱ强冬性品种可种植区域面积增加了2.78 万 km²。

由图 3.17b 可知,时段Ⅰ研究区域冬性品种种植北界为唐山—廊坊—饶阳—石家庄一线,该界限以北地区不适宜种植冬性品种。冬性品种种植北界与强冬性品种种植北界距离较近,在强冬性品种种植北界以南约 30 km。时段Ⅰ冬性品种可种植区域面积为 37.08 万 km²。与时段Ⅰ相比,时段Ⅱ冬性品种种植北界呈北移西扩趋势,在北京及其以东地区北移距离较小,约为 40 km,在廊坊和饶阳附近种植界限移动距离较大,最大达 260 km。与时段Ⅰ相比,时段Ⅱ冬性品种可种植区域面积增加了 4.59 万 km²。

由图 3.17c 可知，时段Ⅰ研究区域半冬性品种种植北界为惠民—泰安—邢台一线，该界限以北地区不适宜种植半冬性品种。时段Ⅰ半冬性品种可种植区域面积为 26.33 万 km²。时段Ⅱ半冬性品种种植北界为塘沽—北京—保定—石家庄一线。与时段Ⅰ相比，时段Ⅱ半冬性品种种植北界北移趋势明显，最大北移距离达 450 km。与时段Ⅰ相比，时段Ⅱ半冬性品种可种植区域面积增加了 12.78 万 km²。

由图 3.17d 可知，受年极端最低气温限制，时段Ⅰ研究区域仅河南省南部的南阳、西峡等地区可以种植春性品种，可种植区域面积为 2.02 万 km²。时段Ⅱ春性品种可种植区域主要分布在河南省，种植界限为商丘—开封—新乡—栾川一线。与时段Ⅰ相比，时段Ⅱ春性品种种植北界最大北移距离达 320 km，可种植区域面积增加了 8.96 万 km²。

3.4 本章小结

基于 1981—2015 年研究区域各气象站点逐日气象观测数据和 1981—2010 年冬小麦种植面积、产量等统计数据，分析了研究区域冬小麦种植现状，明确了气候变化背景下研究区域冬小麦生长季内农业气候资源的时空特征以及冬小麦种植北界的变化。研究结果表明，1981—2010 年研究区域冬小麦种植面积在波动中逐渐趋于稳定，冬小麦产量高值区（高于 5000 kg·hm⁻²）主要分布于河北省石家庄市，山东省德州、济宁和潍坊北部，以及河南省周口市及濮阳和新乡等地。1981—2010 年研究区域种植面积的加权平均产量为 4508 kg·hm⁻²，在时段内增加迅速，平均每年增加 115 kg·hm⁻²，但增加趋势有放缓迹象。目前冬小麦 33.6% 种植面积的产量处于不提高状态，主要分布在河北省和山东省。研究区域冬小麦生长季内营养生长阶段和生殖生长阶段气温显著升高，降水量呈增加趋势但变化不显著。太阳总辐射冬小麦花前、花后呈不对称性变化趋势，花前太阳总辐射下降，花后太阳总辐射上升。热量资源的增加使得冬小麦种植北界及不同冬春性品种的种植北界不同程度北移，冬小麦生产中应合理利用热量资源，选择适宜品种，有效规避农业气象灾害风险。

参 考 文 献

曹倩,姚凤梅,林而达,等,2011. 近 50 年冬小麦主产区农业气候资源变化特征分析[J]. 中国农业气象,32(2):161-166.

高志强,苗果园,张国红,等,2003. 北移冬小麦生长发育及产量构成因素分析[J]. 中国农业科学,36(1):31-36.

李克南,杨晓光,慕臣英,等,2013. 全球气候变暖对中国种植制度可能影响Ⅷ——气候变化对中国冬小麦冬春性品种种植界限的影响[J]. 中国农业科学,46(8):1583-1594.

李祎君,梁宏,王培娟,2013. 气候变暖对华北冬小麦种植界限及生育期的影响[J]. 麦类作物学报,33(2):382-388.

王斌,顾蕴倩,刘雪,等,2012. 中国冬小麦种植区光热资源及其配比的时空演变特征分析[J]. 中国农业科学,45(2):228-238.

王培娟,张佳华,谢东辉,等,2012. 1961—2010 年我国冬小麦可种植区变化特征[J]. 自然资源学报,27(2):215-224.

王占彪,王猛,尹小刚,等,2015. 近50年华北平原冬小麦主要生育期水热时空变化特征分析[J]. 中国农业大学学报,20(5):16-23.

杨晓光,李勇,代姝玮,等,2011. 气候变化背景下中国农业气候资源变化 IX. 中国农业气候资源时空变化特征[J]. 应用生态学报,22(12):3177-3188.

杨晓光,刘志娟,陈阜,2010. 全球气候变暖对中国种植制度可能影响 I. 气候变暖对中国种植制度北界和粮食产量可能影响的分析[J]. 中国农业科学,43(2):112-119.

第4章　气候变化对冬小麦产量的影响与适应

第3章研究结果显示,研究区域冬小麦生长季内营养生长阶段和生殖生长阶段气温显著升高、降水量呈增加趋势但变化不显著,太阳总辐射花前、花后呈不对称变化,花前太阳总辐射下降、花后太阳总辐射升高,农业气候资源变化对冬小麦生育期和产量带来怎样的影响,明确上述问题有助于区域冬小麦生产采取适当措施适应气候变化。

4.1　气候变化对冬小麦生育期影响

将冬小麦生长季划分为营养生长阶段(播种—开花,花前)和生殖生长阶段(开花—成熟,花后)。根据积温学说,不受水肥限制时,作物生长发育进程主要受积温的控制,基于此分析1981—2015年气温变化对研究区域冬小麦生育期的影响。

图4.1为冬小麦品种和栽培管理措施不变前提下,日最高气温和日最低气温变化对冬小麦营养生长阶段和生殖生长阶段天数的影响。由图可知,在品种不变时日最高气温和日最低气温升高使营养生长阶段和生殖生长阶段天数均呈减少趋势。具体而言,日最高气温升高,冬小麦营养生长阶段天数每10年减少0.25～3.03 d,其中以河南省南部最为明显;生殖生长阶段天数每10年减少0～0.37 d,其中以山东省兖州、龙口一带及河南省栾川一带最为明显。与日最高气温相比,日最低气温升高对冬小麦生育期影响更为明显,日最低气温升高营养生长阶段天数每10年减少0.14～2.75 d,其中以河北省遵化—乐亭、山东省青岛—莒县及河南省孟津—郑州—开封—西华—驻马店—南阳—西峡一带最为明显;生殖生长阶段天数每10年减少0～0.29 d,其中以河北省秦皇岛、保定一带,山东省沂源—莒县一带,以及河南省新乡、西峡—南阳一带最为明显。

气候变化对研究区域和各地区冬小麦生长阶段的影响如表4.1所示。日最低气温升高对冬小麦生长发育阶段长度变化的影响程度比日最高气温影响程度更大,气温升高导致的冬小麦营养生长阶段天数的变化大于生殖生长天数的变化。日最高气温和最低气温变化对冬小麦营养生长阶段天数变化的影响在各地区之间差异较大,表现为河南省>山东省>京津冀地区;日最高气温和最低气温变化对冬小麦生殖生长阶段天数变化的影响各省(市)之间差异不大。日最高气温升高使京津冀地区、河南省和山东省冬小麦营养生长阶段天数平均每10年分别减少1.03、1.81和1.47 d,生殖生长阶段天数平均每10年分别减少0.07、0.14和0.13 d;日最低气温升高使京津冀地区、河南省和山东省冬小麦营养生长阶段天数平均每10年分别减少1.25、1.82和1.51 d,生殖生长阶段天数平均每10年分别减少0.13、0.11和0.13 d。从研究区域平均状况来看,过去35年日最高气温升高使得营养生长阶段和生殖生长阶段天数平均每10年分别减少1.46和1.54 d,日最低气温升高使得营养生长阶段和生殖生长阶段天数平均每

10 年分别减少 0.11 和 0.12 d(见表 4.1)。

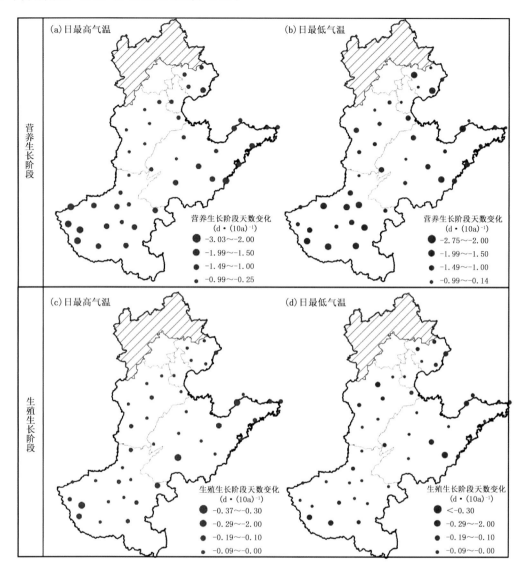

图 4.1　气温变化对冬小麦营养生长阶段(a、b)和生殖生长阶段(c、d)天数影响空间差异

表 4.1　1981—2015 年气温变化导致的营养生长阶段和生殖生长阶段天数变化

单位:d・(10a)$^{-1}$

地区	营养生长阶段天数变化		生殖生长阶段天数变化	
	日最高气温升高	日最低气温升高	日最高气温升高	日最低气温升高
京津冀	−1.03	−1.25	−0.07	−0.13
河南	−1.81	−1.82	−0.14	−0.11
山东	−1.47	−1.51	−0.13	−0.13
研究区域	−1.46	−1.54	−0.11	−0.12

4.2　气候因子变化对冬小麦产量的影响

4.2.1　太阳总辐射变化对冬小麦产量的影响

小麦对气候变化较为敏感,其中太阳总辐射和温度是影响小麦生育进程的主要环境因素(Friend,1965;Bos et al.,1998;Evers et al.,2006;Kim et al.,2010)。小麦对光比较敏感,尤其在抽穗期和开花期,光强和光质都会影响其生长发育及产量形成。已有研究表明,光强与小麦抽穗及分蘖的时间密切相关(Evtushenko et al.,2004),低光强会减少小麦分蘖数、每穗粒数及粒重(Fischer et al.,1980)。不同生育阶段的低光强试验表明,小麦生长前期(苗期)低光强对小麦产量影响不显著,而后期(灌浆期)的低光强会使得小麦产量下降(Dong et al.,2014)。Gu 等(2017)定量研究了过去 50 年内长江流域低光照下冬小麦产量损失的时空分布特征并表明小麦的自适应不能抵消低光照对小麦产量的影响。近年来,由于受人类活动、大气污染、大气环流和环境变化等因素影响,我国各区域太阳总辐射显著变化(齐月 等,2015)。与全球由"变亮"到"变暗"的趋势比较一致,我国太阳总辐射 20 世纪 60 年代表现为不同程度的下降,而 20 世纪 90 年代以后大部分地区太阳总辐射开始增加,表现为"变亮",少部分地区太阳总辐射仍缓慢下降(高操 等,2017;刘长焕 等,2018)。

基于上述研究背景,本章采用同一种品种,模拟 1981—2015 年太阳总辐射变化对研究区域冬小麦产量潜力的影响(Sun et al.,2018),在模拟过程中其他气象要素保持不变(使用 1981 年逐日观测数据),仅有太阳总辐射采用逐年实测数据进行产量模拟。由图 4.2 可见,过去 35 年由于太阳总辐射降低带来的冬小麦产量潜力相对变化范围为 −14.8%～10.9%,平均为 −4.2%,其中冬小麦产量潜力下降最大的区域为河北省保定、邢台和河南省东部,该区域由于太阳总辐射下降使得冬小麦产量潜力下降 10% 以上;河北省石家庄、霸州、饶阳,山东省兖州以外的其他区域,以及河南省三门峡、栾川等区域,冬小麦产量潜力相对变化量为 −9.9%～0;

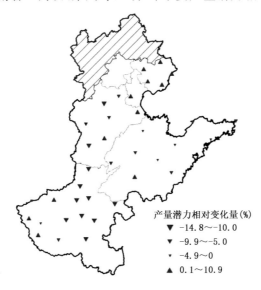

产量潜力相对变化量(%)
▼ −14.8～−10.0
▽ −9.9～−5.0
· −4.9～0
▲ 0.1～10.9

图 4.2　1981—2015 年太阳总辐射变化对研究区域冬小麦产量潜力影响

河北省北部遵化—青龙—秦皇岛一带和南宫—黄骅一带、天津市、山东省兖州一带,以及河南省孟津、卢氏、西峡一带冬小麦生长季内太阳总辐射上升,冬小麦产量潜力变化量为 $0.1\%\sim 10.9\%$。

由图 4.3 可见,过去 35 年冬小麦生长季内太阳总辐射呈显著下降趋势($p<0.05$),平均每 10 年减少 42.5 MJ $\cdot$ m^{-2},由于太阳总辐射的变化使得冬小麦产量潜力下降,平均每 10 年降低 97.3 kg $\cdot$ hm^{-2}。

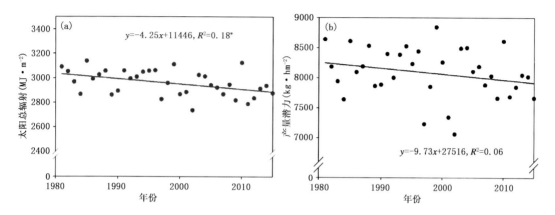

图 4.3　1981—2015 年研究区域冬小麦生长季内太阳总辐射变化(a)及其对产量潜力影响(b)

由表 4.2 可以看出,1981—2015 年若不考虑品种和栽培管理措施变化,研究区域和各地区太阳总辐射变化对冬小麦产量潜力影响是负面的,由于太阳总辐射变化使研究区域冬小麦产量潜力降低 4.2%。太阳总辐射对冬小麦产量潜力影响程度由大到小依次为河南省>山东省>京津冀地区。

表 4.2　1981—2015 年太阳总辐射变化引起的冬小麦产量潜力相对变化量

地区	1981—1985 年冬小麦平均产量(t $\cdot$ hm^{-2})	冬小麦产量潜力相对变化量(%)
京津冀	8.3	-1.2
河南	7.6	-7.2
山东	8.9	-3.8
研究区域	8.2	-4.2

4.2.2　气温变化对冬小麦产量的影响

前人针对气候变暖对研究区域冬小麦产量影响程度做了大量研究,由于研究方法和时间尺度不同,研究结论各不相同。本章基于 APSIM-Wheat 模型,剥离品种和技术进步对冬小麦产量的贡献,明确了气温升高对研究区域冬小麦产量影响程度。

图 4.4 为品种和栽培管理措施不变条件下,1981—2015 年日最高气温和日最低气温升高对冬小麦产量潜力的影响。由图 4.4a 可见,过去 35 年由于日最高气温升高带来的冬小麦产量潜力相对变化范围为 $-8.3\%\sim 3.3\%$,平均为 -2.7%,其中冬小麦产量潜力降低最大的区域为河南省西部卢氏—栾川—西峡一带,该区域由于日最高气温升高使冬小麦产量潜力下降 6% 以上;河北省北部、天津市、河南省安阳—孟津—郑州—驻马店—商丘一带及山东省济南—

兖州等区域,冬小麦产量潜力相对变化量为－5.9％～0;河北省南部和山东省东部部分地区,冬小麦产量潜力相对变化量为0.1％～3.3％。

由图4.4b可见,过去35年由于日最低气温升高带来的冬小麦产量潜力相对变化量为－6.5％～3.1％,平均为－1.0％,其中冬小麦产量潜力下降最大的区域为河南省卢氏、西峡、宝丰、郑州、开封、西华一带及山东省兖州一带,该区域由于日最低气温升高使冬小麦产量潜力的相对变化量下降3％以上;河北省唐山—秦皇岛一带、石家庄—南宫—邢台一带和河南省安阳—新乡—孟津—栾川—南阳—驻马店—许昌—商丘一带以及山东省莘县—惠民县—济南—潍坊—海阳一带等区域,冬小麦产量潜力相对变化量为－2.9％～0;河北省北部、天津市,以及山东省龙口、成山头、莒县一带,冬小麦产量潜力相对变化量为0.1％～3.1％。

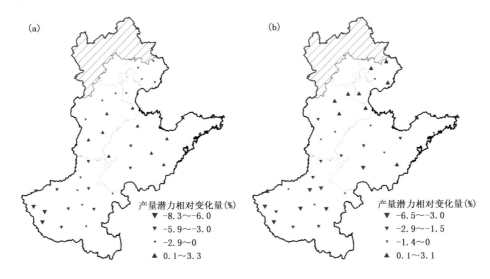

图4.4　1981—2015年日最高气温(a)和日最低气温(b)升高对研究区域冬小麦产量潜力影响

过去35年研究区域冬小麦生长季内温度变化及其对产量的影响如图4.5所示,由图可以看出,过去35年冬小麦生长季内日最高气温和日最低气温均呈显著上升趋势($p<0.05$,$p<0.001$),平均每10年分别升高0.3和0.5 ℃。日最高气温和日最低气温升高使冬小麦生长季

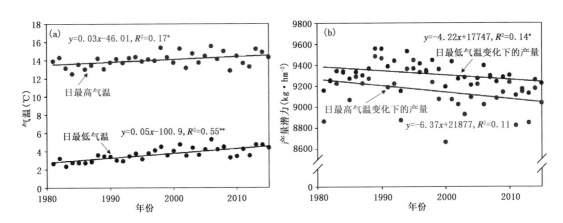

图4.5　1981—2015年研究区域冬小麦生长季内气温变化(a)及其对产量潜力的影响(b)

缩短,冬小麦生物量下降,大部分地区产量呈降低趋势,个别地区产量呈提高趋势。从研究区域平均来看,由于日最高气温和日最低气温的变化使冬小麦产量潜力每 10 年分别减少 63.7 和 42.2 kg·hm^{-2},其中日最低气温的变化对冬小麦产量潜力的影响达到了显著水平($p<$ 0.05)。

由表 4.3 可以看出,1981—2015 年若不考虑品种及栽培管理措施的变化,研究区域日最高气温和日最低气温升高对冬小麦产量潜力的影响是负面的,日最高气温和日最低气温变化使研究区域冬小麦产量潜力相对分别降低 2.7% 和 1.0%。

表 4.3　1981—2015 年气温变化引起的冬小麦产量潜力相对变化量

地区	1981—1985 年冬小麦平均产量(t·hm^{-2})		冬小麦产量潜力相对变化量(%)	
	日最高气温升高	日最低气温升高	日最高气温升高	日最低气温升高
京津冀	9.4	9.4	−0.5	0.4
河南	8.6	8.9	−4.1	−2.6
山东	9.6	9.7	0.4	−0.6
研究区域	9.2	9.3	−2.7	−1.0

4.2.3　降水变化对冬小麦产量的影响

基于 APSIM-Wheat 模型,设置品种和栽培管理措施不变,且设置冬小麦整个生长季氮肥不受限,水分来源仅为降水。

图 4.6 为品种和栽培管理措施不变条件下,1981—2015 年降水量变化对冬小麦产量潜力的影响。由图 4.6 可见,过去 35 年由于降水量变化带来冬小麦产量潜力相对变化量为 −17.3%～32.9%,其中,冬小麦产量潜力提高最大的区域为河北省霸州—保定—南宫—邢台一带、山东省潍坊—威海—海阳—青岛—日照一带及河南省安阳—孟津—三门峡—南阳—驻

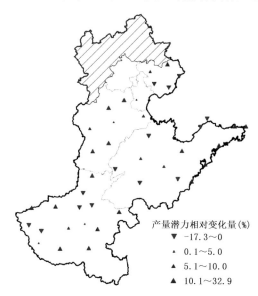

产量潜力相对变化量(%)
▽ −17.3～0
△ 0.1～5.0
▲ 5.1～10.0
▲ 10.1～32.9

图 4.6　1981—2015 年降水量变化对研究区域冬小麦产量潜力影响

马店—西华—商丘一带,该区域由于降水量变化使冬小麦产量潜力的相对变化量在 10.0% 以上;河北省遵化、石家庄、饶阳、黄骅,天津市,山东省济南、沂源,以及河南省西峡—宝丰—许昌一带,冬小麦产量潜力相对变化量在 10% 以下;河北省唐山—乐亭—秦皇岛一带、山东省惠民县—莘县—兖州—莒县和龙口—长岛一带及河南省新乡—郑州—开封一带和卢氏—栾川一带,冬小麦产量潜力下降,产量相对变化量为 -17.3% ~0。

过去 35 年研究区域冬小麦生长季内降水量变化及其对产量潜力影响如图 4.7 所示,由图可以看出,过去 35 年冬小麦生长季内降水量变化趋势不明显,平均每 10 年减少 0.2 mm,变化趋势不显著。研究区域由于降水量变化使冬小麦产量潜力每 10 年提高 15.7 kg·hm^{-2},但提高趋势不显著。

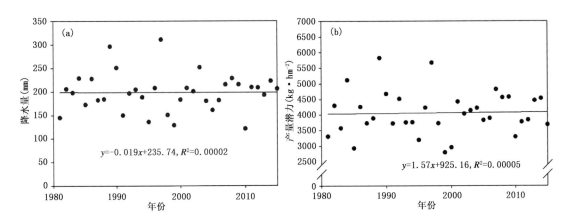

图 4.7　1981—2015 年研究区域冬小麦生长季内降水量变化(a)及其对产量潜力影响(b)

由表 4.4 可以看出,若不考虑品种和栽培管理措施变化,1981—2015 年降水量变化对冬小麦产量潜力影响是正面的,降水量变化使冬小麦产量潜力相对提高 6.1%。

表 4.4　1981—2015 年降水量变化引起的冬小麦产量潜力相对变化量

地区	1981—1985 年冬小麦平均产量 (t·hm^{-2})	冬小麦产量潜力相对变化量 (%)
京津冀	2.6	5.6
河南	4.3	5.3
山东	4.7	7.6
研究区域	3.9	6.1

4.3　气候因子对冬小麦产量稳定性的影响

4.3.1　太阳总辐射变化对冬小麦产量稳定性的影响

采用同一品种,模拟 1981—2015 年太阳总辐射变化对冬小麦产量潜力稳定性的影响,即在模拟过程中其他气象要素保持不变(使用 1981 年逐日观测资料),仅有太阳总辐射采用逐年实测数据的模拟产量,选用产量变异系数为稳定性评价指标,揭示太阳总辐射变化对冬小麦产量稳定性的影响,其空间分布特征如图 4.8a 所示。由图 4.8a 可以看出,过去 35 年太阳总辐射变化对冬小麦产量潜力变异系数影响平均值为 8.5%,变化范围为 5.0%~12.7%,整体呈东北部低、西南部高的空间分布特征。高值区主要分布在河北石家庄一带、河南安阳—卢氏—栾川—宝丰—驻马店一带及山东省兖州一带,太阳总辐射变化背景下冬小麦产量潜力变异系数超过 10.6%;低值区主要分布在河北省青龙—遵化—唐山—乐亭—秦皇岛一带及天津市,太阳总辐射变化背景下冬小麦产量潜力变异系数低于 6.0%。

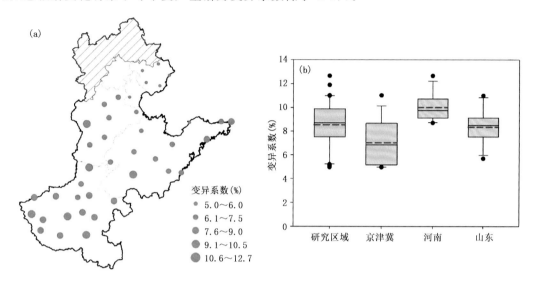

图 4.8　1981—2015 年太阳总辐射变化对研究区域冬小麦产量潜力稳定性影响空间分布(a)及不同地区变异系数(b)

进一步分析各地区冬小麦产量潜力变异系数分布特征可以看出,由于太阳总辐射的变化,河南省冬小麦产量潜力稳定性最低,变异系数最大,平均为 10.0%,变化范围为 8.7%~12.7%;山东省次之,冬小麦产量潜力变异系数平均为 8.3%,变化范围为 5.7%~11.0%;京津冀地区冬小麦产量潜力最稳定,变异系数最小,平均为 7.0%,变化范围为 5.0%~11.0%(图 4.8b)。

太阳总辐射变化背景下,过去 35 年(1981—2015 年)研究区域冬小麦产量潜力变异系数的累积概率分布如图 4.9 所示。由图可以看出,京津冀地区各有 23% 的站点冬小麦产量潜力变异系数分别集中在 5%~5.5% 和 8.5%~9.0%;河南省 60% 的站点冬小麦产量潜力变异系数集中在 8.5%~10.0%;山东省 25% 的站点冬小麦产量潜力变异系数集中在 8.5%~9.0%,17% 的站点冬小麦产量潜力变异系数集中在 7.5%~8.0%;研究区域 23% 的站点冬小麦产量潜力变异系数集中在 8.5%~9.0%,各有 10% 的站点冬小麦产量潜力变异系数分别集中在 9%~9.5% 和 10.5%~11%。

由表 4.5 可以看出,若不考虑品种和栽培管理措施的变化,1981—2015 年研究区域太阳总辐射变化对冬小麦产量稳定性的影响是正面的,由于太阳总辐射的变化使得研究区域冬小麦产量潜力变异系数相对减少了 4.4%,研究区域产量稳定性提高。比较各地区之间的差异发现,太阳总辐射变化使京津冀地区和山东省冬小麦产量潜力稳定性提高,而河南省冬小麦产量潜力稳定性降低。太阳总辐射对冬小麦产量潜力影响程度由大到小依次为山东省>京津冀地区＞河南省。

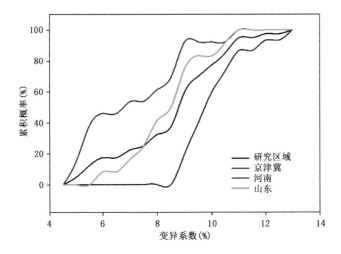

图 4.9　1981—2015 年太阳总辐射变化对研究区域冬小麦产量潜力变异系数影响累积概率分布

表 4.5　1981—2015 年太阳总辐射变化引起的冬小麦产量潜力变异系数相对变化量

地区	1981—1985 年冬小麦产量潜力变异系数(%)	冬小麦产量潜力变异系数相对变化量(%)
京津冀	5.55	−6.8
河南	7.32	6.1
山东	6.84	−15.0
研究区域	6.60	−4.4

4.3.2　气温变化对冬小麦产量稳定性的影响

（1）日最高气温变化

采用同一品种,模拟 1981—2015 年日最高气温变化对研究区域冬小麦产量潜力稳定性的影响,即在模拟过程中其他气象要素保持不变(使用 1981 年逐日观测资料),仅有日最高气温采用逐年实测数据模拟产量,选用产量潜力变异系数为稳定性评价指标,揭示日最高气温变化对冬小麦产量潜力稳定性的影响,其空间分布如图 4.10a 所示。由图 4.10a 可以看出,过去 35 年日最高气温变化对研究区域冬小麦产量潜力变异系数影响平均为 3.5%,变化范围为 2.2%～6.0%,整体呈东北部低、西南部高的空间分布特征。高值区主要分布在河南省,低值区主要分布在京津冀地区和山东省。进一步分析各区域冬小麦产量潜力变异系数分布特征可以看出,相比较而言,日最高气温变化对冬小麦产量潜力的影响,河南省冬小麦产量潜力稳定性最低,变异系数最大,平均为 4.5%,变化范围为 3.3%～6.0%;山东省次之,冬小麦产量潜力变异系数平均为 2.8%,变化范围为 2.2%～3.6%;京津冀地区冬小麦产量潜力最稳定,变异系数最小,平均为 2.7%,变化范围为 2.3%～3.7%(图 4.10b)。

图 4.11 为日最高气温变化背景下,过去 35 年(1981—2015 年)研究区域冬小麦产量潜力变异系数累积概率的分布。由图可以看出,京津冀地区 38% 的站点冬小麦产量潜力变异系数集中在 2.4%～2.6%,31% 的站点冬小麦产量潜力变异系数集中在 2.2%～2.4%;河南省各

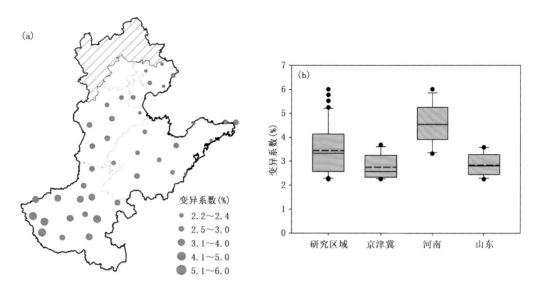

图 4.10　1981—2015 年日最高气温变化对研究区域冬小麦产量潜力稳定性影响空间分布(a)
及不同地区变异系数(b)

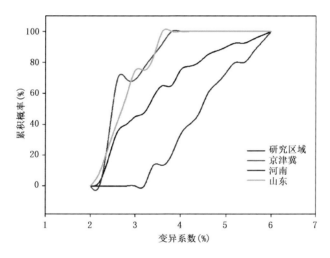

图 4.11　1981—2015 年日最高气温变化对研究区域冬小麦产量潜力变异系数影响累积概率分布

有 13％的站点冬小麦产量潜力变异系数分别集中在 3.2％～3.4％、3.8％～4.0％和 4.4％～
4.6％;山东省 67％的站点冬小麦产量潜力变异系数集中在 2.2％～3.0％,17％的站点冬小麦
产量潜力变异系数集中在 3.4％～3.6％;研究区域 18％的站点冬小麦产量潜力变异系数集中
在 2.4％～2.6％,15％的站点冬小麦产量潜力变异系数集中在 2.2％～2.4％。

　　由表 4.6 可以看出,若不考虑品种和栽培管理措施的变化,1981—2015 年研究区域和各
地区日最高气温变化对冬小麦产量稳定性的影响是负面的,由于日最高气温的变化使研究区
域冬小麦产量潜力变异系数相对增加 31.0％,研究区域内产量稳定性下降。比较各地区之间
的差异发现,日最高气温对冬小麦产量稳定性影响程度由大到小依次为山东省＞河南省＞京
津冀地区。

表 4.6 1981—2015 年日最高气温变化引起的冬小麦产量潜力变异系数相对变化量

地区	1981—1985 年冬小麦产量潜力变异系数（%）	冬小麦产量潜力变异系数相对变化量（%）
京津冀	2.61	11.0
河南	2.95	34.0
山东	2.55	48.9
研究区域	2.72	31.0

（2）日最低气温变化

采用同一品种，模拟 1981—2015 年日最低气温变化对研究区域冬小麦产量潜力稳定性的影响，即在模拟过程中其他气象要素保持不变（使用 1981 年逐日观测资料），仅有日最低气温采用逐年实测数据模拟产量，选用产量变异系数为稳定性评价指标，揭示日最低气温变化对冬小麦产量潜力稳定性的影响，其空间分布如图 4.12a 所示。由图 4.12a 可以看出，过去 35 年日最低气温变化对研究区域冬小麦产量潜力变异系数影响平均为 2.2%，变化范围为 1.4%～3.5%，整体呈东北部低、西南部高的空间分布特征。高值区主要分布在河南省，大部分站点产量潜力变异系数均在 2.6% 以上，低值区主要分布在河北省饶阳一带和山东省日照一带，变异系数低于 1.5%。进一步分析各地区冬小麦产量变异系数分布特征可以看出，在日最低气温变化影响下，河南省冬小麦产量潜力稳定性最低，变异系数最大，平均为 2.4%，变化范围为 1.6%～3.5%；山东省和京津冀地区次之，其中山东省冬小麦产量潜力变异系数平均为 2.0%，变化范围为 1.5%～3.2%，京津冀地区冬小麦产量潜力变异系数平均为 2.0%，变化范围为 1.4%～2.4%。

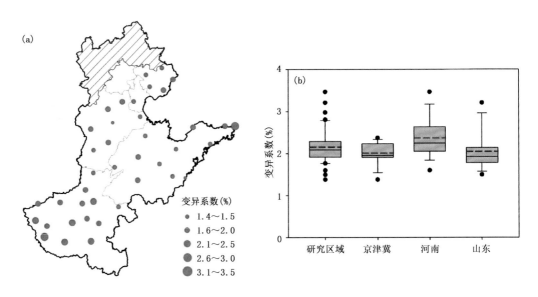

图 4.12 1981—2015 年日最低气温变化对研究区域冬小麦产量潜力稳定性影响空间分布（a）及不同地区变异系数（b）

图 4.13 为日最低气温变化背景下,过去 35 年(1981—2015 年)研究区域冬小麦产量潜力变异系数累积概率分布。由图可以看出,京津冀地区 46% 的站点冬小麦产量潜力变异系数集中在 1.8%~2.0%,23% 的站点冬小麦产量潜力变异系数集中在 2.0%~2.2%,15% 的站点冬小麦产量潜力变异系数集中在 2.2%~2.4%;河南省 33% 的站点冬小麦产量潜力变异系数集中在 2.0%~2.2%,20% 的站点冬小麦产量潜力变异系数集中在 2.4%~2.6%,13% 的站点冬小麦产量潜力变异系数集中在 1.8%~2.0%;山东省 75% 的站点冬小麦产量潜力变异系数集中在 1.6%~2.2%;研究区域 55% 的站点冬小麦产量潜力变异系数集中在 1.8%~2.2%。

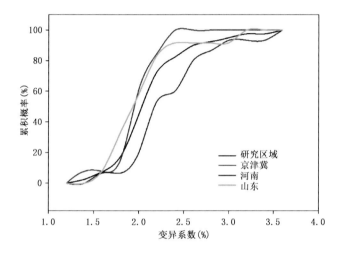

图 4.13　1981—2015 年日最低气温变化对研究区域冬小麦产量潜力变异系数影响累积概率分布

由表 4.7 可以看出,若不考虑品种和栽培管理措施的变化,1981—2015 年研究区域和各地区日最低气温变化对冬小麦产量潜力稳定性的影响是负面的,由于日最低气温的变化使研究区域内冬小麦产量潜力变异系数相对增加 23.9%,研究区域内产量潜力稳定性下降。比较各地区之间的差异发现,日最低气温对冬小麦产量潜力稳定性影响程度由大到小依次为河南省>京津冀地区>山东省。

表 4.7　1981—2015 年日最低气温变化引起的冬小麦产量潜力变异系数相对变化量

地区	1981—1985 年冬小麦产量潜力变异系数(%)	冬小麦产量潜力变异系数相对变化量(%)
京津冀	1.70	19.8
河南	1.84	40.1
山东	1.78	8.1
研究区域	1.78	23.9

4.3.3　降水量变化对冬小麦产量稳定性的影响

采用同一品种,模拟 1981—2015 年降水量变化对研究区域冬小麦雨养产量潜力稳定性的影响,即在模拟过程中其他气象要素保持不变(使用 1981 年逐日观测资料),仅有降水量采用逐年实测数据模拟产量,选用产量变异系数为稳定性评价指标,揭示降水量变化对冬小麦产量潜力稳定性的影响,其空间分布如图4.14a所示。由图4.14a可以看出,过去35年降水量变化对研究区域冬小麦雨养产量潜力变异系数影响平均值为29%,变化范围为10.7%~41.3%,整体呈西北高、东南低的空间分布特征。高值区主要分布在河北省乐亭及邢台一带,产量变异系数超过40.1%,低值区主要分布在河北省遵化—霸州一带、天津市、山东省威海—成山头一带和潍坊—济南—兖州一带及河南省西峡—卢氏—孟津—郑州—许昌—驻马店一带,产量变异系数低于30%。进一步分析各地区冬小麦雨养产量潜力变异系数分布特征可以看出,在降水量变化影响下,京津冀地区冬小麦雨养产量潜力稳定性最低,变异系数最大,平均为32%,变化范围为23%~41%;河南省次之,冬小麦雨养产量潜力变异系数平均为30%,变化范围为19%~38%;山东省冬小麦雨养产量潜力最稳定,变异系数最小,平均为26%,变化范围为11%~35%(图4.14b)。

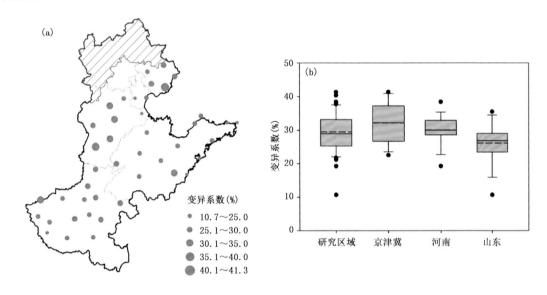

图4.14 1981—2015年降水量变化对研究区域冬小麦雨养产量潜力稳定性影响空间分布(a)及不同地区变异系数(b)

图4.15为降水量变化背景下,过去35年(1981—2015年)研究区域冬小麦雨养产量潜力变异系数累积概率的分布。由图可以看出,京津冀地区28%的站点冬小麦雨养产量潜力变异系数集中在24%~28%,各有21%的站点冬小麦雨养产量潜力变异系数分别集中在30%~32%和36%~38%;河南省33%的站点冬小麦雨养产量潜力变异系数集中在28%~30%,27%的站点冬小麦雨养产量潜力变异系数集中在32%~34%;山东省各有21%的站点冬小麦雨养产量潜力变异系数分别集中在24%~26%和28%~30%,各有14%的站点冬小麦雨养产量潜力变异系数分别集中在20%~22%和26%~28%;研究区域19%的站点冬小麦雨养产量潜力变异系数集中在28%~30%,各有14%的站点冬小麦雨养产量潜力变异系数分别集中在24%~26%和32%~34%,各有12%的站点冬小麦雨养产量潜力变异系数分别集中在26%~28%和30%~32%。

由表4.8可以看出,若不考虑品种和栽培管理措施的变化,1981—2015年研究区域和各地区降水量变化对冬小麦雨养产量潜力稳定性的影响是正面的,由于降水量的变化使得研究区域内冬小麦雨养产量潜力变异系数相对降低了17.1%,提升了研究区域内冬小麦产量潜力稳定性。比较各地区之间的差异发现,降水量变化对冬小麦雨养产量潜力稳定性影响程度由大到小依次为京津冀地区>山东省>河南省。

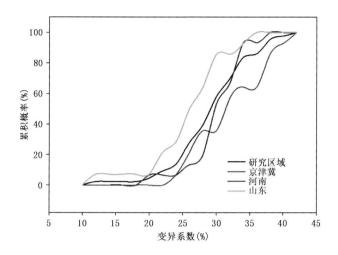

图 4.15　1981—2015 年降水量变化对研究区域冬小麦雨养产量潜力变异系数影响的累积概率分布

表 4.8　**1981—2015 年降水量变化引起的冬小麦雨养产量潜力变异系数相对变化量**

地区	1981—1985 年冬小麦雨养产量潜力变异系数(%)	冬小麦雨养产量潜力变异系数相对变化量(%)
京津冀	31.43	−28.0
河南	34.03	−7.6
山东	30.08	−17.3
研究区域	31.24	−17.1

4.4　品种更替和播期调整对气候变化的适应

4.4.1　品种更替对气候变化的适应

基于调参验证后的 APSIM-Wheat 模型模拟得到的冬小麦产量潜力,是在特定品种下得到的,所以品种是决定产量潜力的重要因素。为了解析 1981—2005 年冬小麦品种更替特征及其变化对冬小麦生育期和产量潜力的影响程度,本节在河北、河南和山东三省各选择一个冬小麦资料和气象资料时间序列较长和较完善的站点,分析品种更替特征及其对产量潜力的影响,三个典型站点为河北省的栾城(114.6°E,37.9°N)、河南省的新乡(113.9°E,35.3°N)和山东省的泰安(117.2°E,36.6°N)(Li et al.,2016)。

首先,明确 1981—2005 年品种生育期长度和产量构成等要素变化特征;然后,将品种的更替特征利用 APSIM-Wheat 模型参数进行表达;最后,设置模拟情景分析品种对冬小麦生育期和产量的影响。

(1)品种更替特征分析

以开花期为分界,将冬小麦全生育期(GP)分为营养生长阶段(VGP)和生殖生长阶段

（RGP）。为了分析品种更替趋势，对每个站点各要素进行线性回归，然后检验，确定其变化趋势。结果见表 4.9。

表 4.9　1981—2005 年研究区域典型站点冬小麦品种特征变化趋势

项目			栾城	新乡	泰安
生育期长度	平均值 （d）	GP	248	235	247
		VGP	215	203	213
		RGP	33	32	34
	斜率 k （$d \cdot a^{-1}$）	GP	−0.052	−0.143	**−0.417****
		VGP	**−0.320***	−0.225	**−0.612****
		RGP	**0.268****	0.082	0.195
热时数 TT	平均值 （$℃ \cdot d$）	GP	2348.9	2308.3	2359.5
		VGP	1617.5	1629.4	1636.2
		RGP	731.4	679.0	723.2
	斜率 k （$℃ \cdot d \cdot a^{-1}$）	GP	**10.484****	**4.895****	**7.783***
		VGP	5.339	4.239	5.163
		RGP	**5.144****	0.657	2.620
产量要素	平均值	千粒重 TKW（g）	36.1	37.6	42.5
		每平方米穗数 SPSM（个·m^{-2}）	667	545	563.5
		每穗粒数 KPS（个）	28.2	35.3	36.6
		收获指数 HI（%）	43.5	39.6	44.0
	斜率 k	千粒重 TKW（$g \cdot a^{-1}$）	0.048	0.202	0.293
		每平方米穗数 SPSM（个·$m^{-2} \cdot a^{-1}$）	3.181	1.662	**−8.658***
		每穗粒数 KPS（个·a^{-1}）	**0.301****	**0.400***	**0.919****
		收获指数 HI（%·a^{-1}）	**0.491****	0.111	**0.753****

注：** $p<0.01$；* $p<0.05$。

　　表中热时数（thermal time，TT）是 APSIM-Wheat 模型中控制冬小麦生育期的重要参数。完成不同生育阶段的发育需达到一定的热时数。冠层温度与热时数的对应关系如图 4.16 所示。

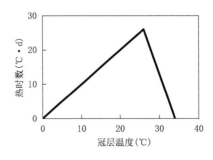

图 4.16　APSIM-Wheat 模型冠层温度与热时数对应关系

（https://www.apsim.info）

表 4.9 为典型站点冬小麦品种特征变化趋势，从表中可知，冬小麦全生育期长度和营养生长阶段长度随着纬度升高而延长，其中栾城全生育期最长，而生殖生长阶段长度随地点变化特征不明显，原因是冬小麦全生育期和营养生长阶段的平均气温随纬度升高降低，而生殖生长阶段平均气温变化特征不明显。随时间变化，3 个站点全生育期长度和营养生长阶段长度均呈缩短趋势，而生殖生长阶段长度则呈延长趋势。且典型站点各生育阶段的热时数相近，没有明显差异。1981—2005 年冬小麦各生育时段的热时数均为增加趋势，表明冬小麦品种更替过程中，完成一定的生长发育阶段热量需求增加，即品种更替可延长作物的生长发育阶段，进而抵消气候变暖导致的生育期缩短的负效应。根据已有研究可知，冬小麦品种更替的突出特征是生殖生长阶段延长和收获指数增加（Liu et al.，2010），而光能利用效率没有显著增加（Foulkes et al.，2011；Parry et al.，2011；Reynolds et al.，2011），未来冬小麦育种应考虑选育生殖生长阶段延长和光能利用效率提高等因素（Foulkes et al.，2011；Parry et al.，2011；Reynolds et al.，2011）。

（2）品种更替对冬小麦产量潜力的影响

在利用 APSIM-Wheat 分析 1981—2005 年品种更替对冬小麦生育期和产量的影响时，设置两个模拟情景：情景 1，采用 1981 年冬小麦品种，且在过去 25 年中品种参数不变；情景 2，采用品种为各站点的实际品种，但每年天气数据不变，均为 1981 年数据，详见表 4.10。

表 4.10　1981—2005 年研究区域典型站点模拟情景设置

模拟情景	天气设置	品种设置
模拟情景 1	实测天气数据	1981 年品种参数
模拟情景 2	1981 年天气数据	品种参数逐年更替

图 4.17 为模拟情景 1 和模拟情景 2 条件下 1981—2005 年冬小麦生育期模拟结果和实测生育期的线性斜率的比较。从图中可知，在模拟情景 1 只有天气条件改变的情景下，1981—2005 年冬小麦全生育期和营养生长阶段呈显著或极显著缩短趋势，而生殖生长阶段呈延长趋势，且泰安达到极显著水平。结果表明，品种不变条件下，气候变化缩短冬小麦全生育期和营养生长阶段，而延长生殖生长阶段。进一步分析表明，气候变暖使冬小麦开花期提前，从而降低或维持生殖生长阶段的平均气温，从而使生殖生长阶段不变化或延长。

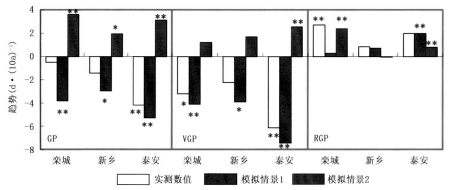

图 4.17　1981—2005 年典型站点全生育期(GP)、营养生长阶段(VGP)和生殖生长阶段(RGP)长度的变化趋势（** 表示 $p<0.01$，* 表示 $p<0.05$）

在模拟情景 2 只有品种更替的情况下,冬小麦全生育期、营养生长阶段和生殖生长阶段均延长。这一结果表明,新品种有延长冬小麦生育阶段的作用。

图 4.18 为 1981—2005 年在品种不变和品种变化的条件下冬小麦产量潜力的变化趋势。从图中可知,对于冬小麦而言,品种变化冬小麦产量潜力提高,不同地点产量提高程度不同。对比气候变化和品种更替对产量潜力的影响,品种更替起主导作用。

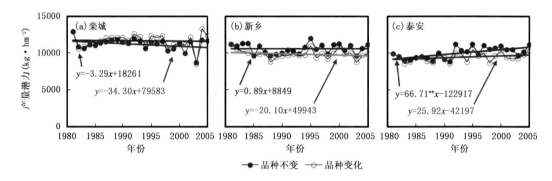

图 4.18　品种不变和品种变化情景下 1981—2005 年气候变化对冬小麦产量潜力的影响

4.4.2　播期调整对气候变化的适应

基于冬小麦生育期实测资料,分析 1981—2005 年研究区域冬小麦主要生育期变化趋势如表 4.11 所示,表中正值表示生育期推迟,负值表示生育期提前。从表中可知,冬小麦播期以推迟为主,16 个站点中,仅有 4 个站点播期提前,且均没有达到显著水平;其余 12 个站点播期均为推迟的趋势,且有两个站点达到显著水平。气候变暖特别是冬春季温度升高背景下,冬小麦越冬期呈缩短趋势,且越冬期大部分推迟,春季返青提前,越冬期推迟和返青期提前主要出现在河南南部。统计的 16 个站点中冬小麦开花期均呈提前趋势,且 9 个站点达到显著水平。统计的 16 个站点中,有 14 个站点成熟期呈提前趋势,且 7 个站点达到显著水平。以上表明气候变化背景下冬小麦开花和成熟期提前是研究区域普遍趋势,且多数站点开花期提前趋势要大于成熟期提前趋势,导致冬小麦生殖生长阶段延长。

综上所述,1981—2005 年研究区域冬小麦播期推迟、成熟期提前,整个生长季长度呈现显著缩短的趋势,为夏玉米生长留出更长的时间,有利于夏玉米获得高产。与此同时,虽然冬小麦的生长季缩短,然而由于冬小麦的越冬期缩短,因此冬小麦有效的生长期缩短趋势并不明显。

表 4.11　1981—2005 年研究区域冬小麦主要生育期变化趋势

单位:$d \cdot (10a)^{-1}$

省份	站点	播期	越冬期	返青期	开花期	成熟期
	菏泽	−1.55	0.15	1.02	−2.92*	−0.77
	莱阳	2.43	3.12	−2.51	−2.40*	−3.40**
山东	泰安	3.14*	1.27	−2.79	−3.02	−1.08
	淄博	0.26	2.66	−1.73	−2.36	−1.01
	潍坊	0.10	−0.42	1.00	−2.15	−1.96
	临沂	1.62	1.15	−0.86	−2.05	0.08

续表

省份	站点	播期	越冬期	返青期	开花期	成熟期
河北	栾城	0.90	1.00	−0.10	−2.35*	0.33
	黄骅	1.71	3.83	−3.14	−2.17	−2.29**
河南	新乡	0.22	0.52	−1.38	−2.08	−1.26
	卢氏	−1.22	−0.78	−7.05*	−3.13**	−3.27**
	郑州	−2.34	2.86	2.42	−3.65**	−1.84
	南阳	0.51	−0.50	1.53	−3.57*	−3.67**
	驻马店	9.23*	1.73	1.53	−3.18	−4.32*
	信阳	0.29	1.62	0.21	−4.03*	−4.43**
	固始	−3.72	−5.40	8.19*	−5.90*	−3.97**
	商丘	0.18	2.10	1.21	−2.32*	−0.18

注：＊和＊＊分别表示通过了显著性水平为 0.05 和 0.01 的检验。

　　合理播期是冬小麦适应气候变化、增产稳产的关键因子，因此确定最佳播期非常重要。确定冬小麦最佳播期的方法有叶龄指数法、积温法和最适温度法等，本节选择积温法推算冬小麦各生育期出现的时间（王斌 等，2012）。首先，基于气象站点的逐日平均气温资料，利用五日滑动平均法，计算稳定通过 0 ℃终止日作为冬小麦越冬期开始，起始日作为越冬期的结束；其次，以冬前日平均气温≥0 ℃有效积温 600 ℃·d 作为冬小麦冬前适宜积温，从越冬期开始日向前推算越冬积温，将逐日平均气温中高于 0 ℃的温度累加得到积温为 600 ℃·d 的那一天，定为理论上的适宜播种期；以冬前日平均气温≥0 ℃有效积温 400 ℃·d 作为冬小麦理论上的最晚播期，将日平均气温≥0 ℃有效积温 750 ℃·d 作为冬小麦理论上的最早播期。

　　图 4.19 为 1991—2010 年研究区域冬小麦实际越冬期开始日期空间分布和时间变化趋势。从图 4.19a 中可知，越冬期开始时间呈南部晚、北部早空间特征，南部和北部最大相差 33 d。

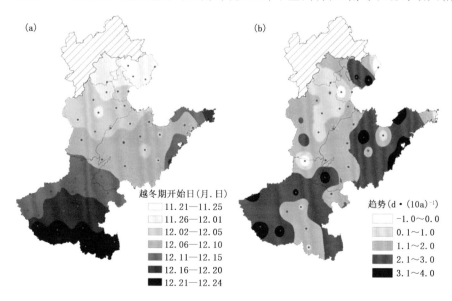

图 4.19　1991—2010 年研究区域冬小麦越冬期开始日期空间分布（a）及时间变化趋势（b）

河南省南部信阳和南阳等地,冬季气温较高,有些年份无明显的越冬期。图 4.19b 中正值代表研究时段内冬小麦越冬期开始时间推迟,而负值则表示提前。由图可知,研究区域冬小麦越冬开始时间以推迟为主,在 54 个站点中,仅有 4 个站点呈提前趋势,且均未达到显著水平,其余站点均呈推迟趋势,其中,河南省和山东半岛推迟趋势最明显。

图 4.20 为 1991—2010 年研究区域冬小麦越冬期结束日期的空间分布和时间变化趋势。从图 4.20a 可知,越冬期结束时间与其开始时间的空间分布特征呈相反趋势,华北南部越冬期结束早,而北部结束晚,南部和北部最大相差 36 d。结合图 4.19a 可知,河北唐山、遵化和秦皇岛等地,越冬期达 3 个月,河南省南部越冬期仅 1 个月左右。

图 4.20b 中正值代表研究时段内冬小麦越冬期结束时间推迟,而负值则表示提前。由图可知,研究区域冬小麦越冬结束时间以提前为主,54 个站点中仅有秦皇岛呈推迟趋势,且未达到显著水平,其余站点均呈提前趋势,其中 14 个站点通过显著性检验。冬小麦越冬期结束时间提前趋势要大于越冬期开始时间的推迟趋势,且河南省北部提前趋势最大,而河北省北部提前趋势最小。

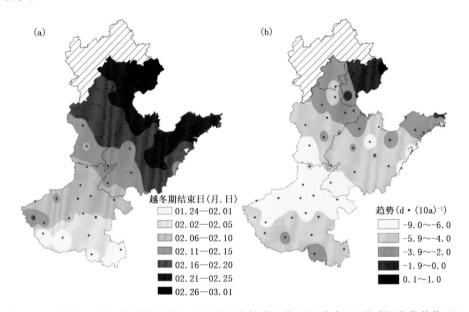

图 4.20　1991—2010 年研究区域冬小麦越冬期结束日期空间分布(a)及时间变化趋势(b)

图 4.21 为利用冬前积温法计算得到的研究区域 1991—2010 年冬小麦理论最佳播期空间分布与时间变化趋势。从图 4.21a 可知,冬小麦最佳理论播期空间上从北向南依次推迟,河北省北部唐山和秦皇岛等地播期最早为 9 月 23 日,河南省信阳播期最晚为 10 月 21 日,相差 28 d。与冬小麦实际播期类似,其理论最佳播期同样具有极显著的纬向分布特征,纬度每向南 1°,理论最佳播期提前 2.42 d;与实际播期不同的是冬小麦理论最佳播期没有显著的经向分布特征(图 4.22)。从图 4.21b 可知,1991—2010 年理论最佳播期以推迟趋势为主,仅在石岛、天津和秦皇岛 3 个站点呈提前趋势,其余站点均为推迟趋势,54 个站点中 44.2% 的站点推迟趋势达到了显著水平,主要分布在河南省中北部的郑州、焦作、开封、新乡和周口等地,以及山东半岛的日照、烟台和淄博等地。

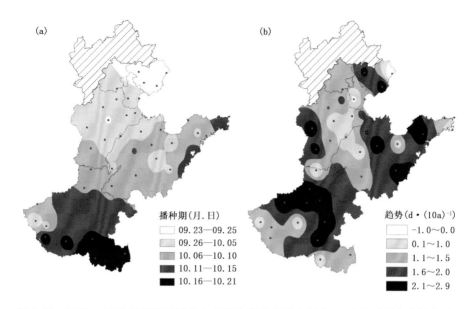

图 4.21　1991—2010 年研究区域冬小麦理论最佳播期空间分布(a)及时间变化趋势(b)

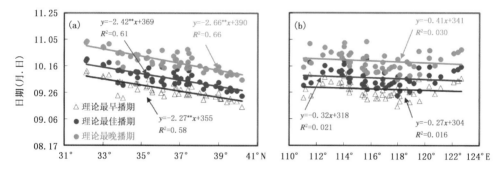

图 4.22　1991—2010 年研究区域冬小麦理论播期纬向(a)和经向(b)分布特征

图 4.23 为利用冬前积温法计算的 1991—2010 年研究区域冬小麦理论最早播期的空间分布及时间变化趋势。从图 4.23a 可知,与理论最佳播期相同,研究区域冬小麦理论最早播期从北向南依次推迟,河北省北部唐山和秦皇岛等地播期最早为 9 月 15 日,河南省信阳播期最晚为 10 月 12 日,相差 27 d。理论最早播期同样具有极显著的纬向分布特征,纬度每向南 1°,理论最早播期提前 2.27 d,没有显著的经向分布特征(图 4.22)。从图 4.23b 可知,1991—2010 年研究区域冬小麦理论最早播期以推迟趋势为主,在石岛、天津和秦皇岛 3 个站点呈提前趋势,其余站点均为推迟趋势,其变化趋势的空间分布特征与理论最佳播期一致。

图 4.24 为利用冬前积温法计算的 1991—2010 年研究区域冬小麦理论最晚播期的空间分布及时间变化趋势。从图 4.24a 可知,冬小麦理论最晚播期空间上同样是由北向南依次推迟,且具有极显著的纬向分布特征,纬度每向南 1°,理论最晚播期提前 2.66 d,而经向分布特征不显著(图 4.22)。理论最晚播期普遍比理论最佳播期推迟 8 d;研究区域冬小麦理论最早和最晚播期相差 21 d,为冬小麦播期调控提供了可能。从图 4.24b 可知,1991—2010 年研究区域冬小麦理论最晚播期,也是以推迟趋势为主,其变化趋势的空间分布特征同理论最佳播期一致。

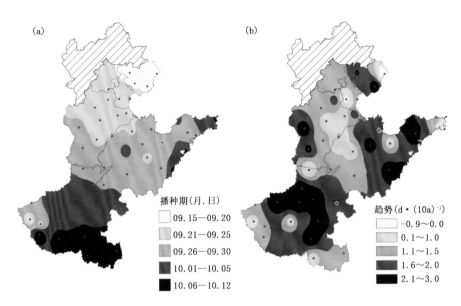

图 4.23　1991—2010 年研究区域冬小麦理论最早播期空间分布(a)及时间变化趋势(b)

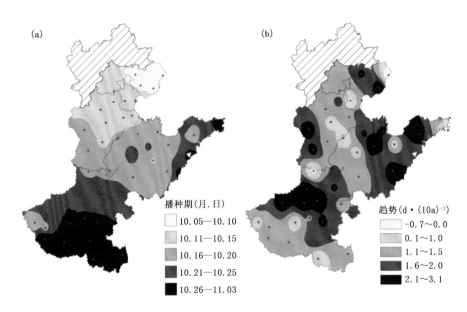

图 4.24　1991—2010 年研究区域冬小麦理论最晚播期空间分布(a)及时间变化趋势(b)

　　图 4.25 为 1991—2010 年实际播期和理论最佳播期、最早播期和最晚播期差异的空间分布。从图 4.25a 可知,理论最佳播期和实际播期的差值空间上以负值为主,其中正值表示实际播期比理论最佳播期早,负值表示实际播期比理论最佳播期晚。由此可以看出,1991—2010年研究区域大部分地区实际播期要晚于理论最佳播期,仅在山东半岛实际播期早于理论最佳播期。约 50% 的站点实际播期比理论最佳播期晚 5 d,主要分布在山东省中部和西部以及河南省中部和北部。河北省大部分地区和河南省南部实际播期要比理论最佳播期晚 5～10 d。

从图 4.25b 可知,研究区域除固始等极少数站点以外,大部分地区的冬小麦实际播期均要早于理论最晚播期。通过所有研究站点的算术平均值可知,在整个研究区域冬小麦实际播期比理论最晚播期要早 9.4 d,其中在山东半岛达到最大,为 24 d。其中,冬小麦实际播期比理论最晚播期早 5~10 d 的范围分布最广,占研究区域 39.2% 的站点,主要分布在山东省西南部、河北省大部和河南省中部以外的地区。此外,23.5% 的站点,冬小麦实际播期比理论最晚播期早 10~15 d,主要分布于河南省中部的郑州、许昌和周口等地的大部分地区,以及山东半岛的大部分地区。综上所述,尽管研究区域冬小麦已经实行晚播,但与理论最晚播期相比仍然有晚播的潜力,为"双晚技术"的实现提供资源基础。

从图 4.25c 可知,研究区域所有站点冬小麦的实际播期要晚于理论最早播期。结合图 4.25a 和图 4.25c 可知,冬小麦实际播期在大部分地区是处于理论的适播期范围内,如果以理论最佳播期为界限,播期比其早为早播,反之为晚播,则研究区域冬小麦播期为晚播状态,只有山东半岛为早播。此外,通过理论最晚播期的分析从气候资源利用角度来看,研究区域冬小麦有进一步晚播的潜力。

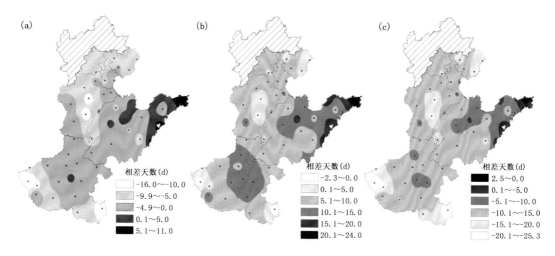

图 4.25　1991—2010 年研究区域冬小麦实际播期和理论最佳播期、最晚播期和最早播期差异的空间分布
(a)理论最佳播期减实际播期;(b)理论最晚播期减实际播期;(c)理论最早播期减实际播期

为进一步分析冬小麦实际播期和理论播期的关系,分别选择河北栾城、河南郑州和山东淄博为典型站点,分析冬小麦实际播期和理论播期的时间变化趋势。图 4.26 为 3 个典型站点冬小麦实际播期、理论最佳播期、理论最早播期和理论最晚播期 1981—2010 年 5 年平均的变化。由图可知,3 个典型站点冬小麦理论最佳、最早和最晚播期均有推迟现象。在栾城实际播期比理论最佳播期晚,尤其 1995—2000 年和 2001—2005 年期间;郑州实际播期比理论最佳播期晚,趋势大于栾城,之后随着年份变化,理论最佳、最早和最晚播期推迟趋势大于实际播期的推迟趋势,从而导致实际播期和理论最佳播期逐渐接近,2005—2010 年,实际播期早于理论最佳播期,故而对于该站点应适当晚播以适应因气候变暖而导致的理论最佳播期推迟的趋势;淄博相对于其他两个站点,实际播期较偏向于理论最早播期,1985—1990 年实际播期早于理论最早播期,随着年份推移,虽然实际播期推迟,然而理论最佳、最早和最晚播期也在推迟,因此该站点实际播期可进一步推迟。

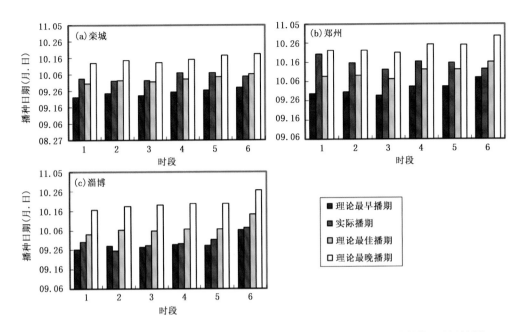

图 4.26　1981—2010 年典型站点冬小麦实际播期和理论最佳播期、最晚播期和最早播期

（时段 1 为 1981—1985 年；2 为 1986—1990 年；3 为 1991—1995 年；4 为 1996—2000 年；

5 为 2001—2005 年；6 为 2006—2010 年）

4.4.3　生育期自调整对气候变化的适应

除播期提前外，冬小麦生育期对气温升高有一定的自适应特征。随温度升高冬小麦越冬期和营养生长阶段缩短，开花期显著提前，使冬小麦生殖生长阶段提前，生殖生长阶段气温相对较低，导致该阶段持续天数缩短趋势不明显。为验证这一特征，在此以郑州为例分析冬小麦生殖生长阶段提前，生殖生长阶段温度特征（图 4.27）。图 4.27 中两条实竖线分别表示2001—2005 年冬小麦开花日期（日序 113）、成熟日期（日序 148），期间为其生殖生长阶段；两条虚竖线分别表示 1981—1985 年冬小麦开花日期（日序 120）和成熟日期（日序 153）。从图中可知，2001—2005 年冬小麦的生殖生长阶段整体较 1981—1985 年前移，其生殖生长阶段平均气温为 20.9 ℃，1981—1985 年为 21.5 ℃，比较而言，生殖生长阶段气温有降低趋势。如果

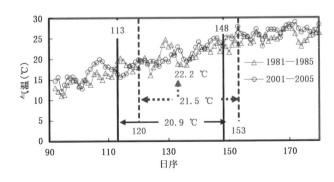

图 4.27　郑州冬小麦生殖生长阶段提前对该阶段温度的影响

2001—2005 年冬小麦生殖生长阶段没有前移，其平均气温将为 22.2 ℃，较 1981—1985 年有升高趋势。可见，气候变化导致冬小麦开花期提前，使生殖生长阶段气温降低。

分析其他站点得到同样的结论，由于冬小麦生殖生长阶段提前，导致该阶段平均气温下降 0.5～1.4 ℃（表 4.12）。利用 APSIM-Wheat 模型模拟，结果如图 4.28 所示，当保持品种和播期不变时，1981—2010 年冬小麦营养生长阶段天数缩短趋势极显著（** 表示 $p < 0.01$），而生殖生长阶段变化不明显。

表 4.12　1981—1985 年和 2001—2005 年两个阶段冬小麦生殖生长阶段平均气温

站点	开花期日序		成熟期日序		生殖生长阶段平均气温(℃)		以 1981—1985 年生殖生长阶段日期为准的 2001—2005 年平均气温(℃)
	1981—1985	2001—2005	1981—1985	2001—2005	1981—1985	2001—2005	
固始	122	113	153	147	21.3	20.2	21.6
卢氏	131	126	167	160	19.8	19.8	20.6
郑州	120	113	153	148	21.5	20.9	22.2
黄骅	133	130	159	155	21.6	22.4	23.4
栾城	129	125	160	161	22.5	23.0	23.5
莱阳	139	134	172	166	20.4	21.2	21.8

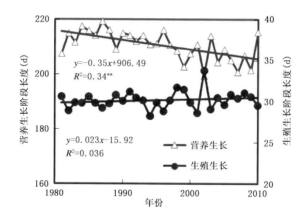

图 4.28　品种和播期不变条件下 1981—2010 年冬小麦营养生长阶段和
生殖生长阶段长度变化趋势

4.5　本章小结

基于 APSIM-Wheat 模型，分析了气候变化背景下冬小麦花前和花后生长阶段长度变化，明确了气候变化对冬小麦生育期、产量和产量稳定性的影响，评估了品种更替、播期调整以及生育期自调整对气候变化的适应。研究结果表明，1981—2015 年若不考虑品种和栽培管理措施的变化，冬小麦营养生长阶段和生殖生长阶段均缩短，且营养生长阶段缩短趋势更显著。1981—2015 年研究区域太阳总辐射的变化对冬小麦产量影响整体呈负效应，而对产量稳定性的影响为正效应；日最高气温和日最低气温变化对冬小麦产量和产量稳定性影响均为负效应；降水量变化对冬小麦产量和产量稳定性影响均为正效应。品种更替和播期调整是研究区域冬小麦适应气候变化的主要途径，研究结果揭示新品种的生殖生长阶段延长，收获指数呈显著增加趋势,使冬小麦产量提高。除品种和播期外,冬小麦生育期对气温升高具有一定的自适应特征。

参 考 文 献

高操,施东雷,李成,等,2017. 1993—2013 年中国地面太阳总辐射的变化特征[J]. 气象与环境科学,40:27-34.

刘长焕,邓雪娇,朱彬,等,2018. 近 10 年中国三大经济区太阳总辐射特征及其与 O_3、$PM_{2.5}$ 的关系[J]. 中国环境科学,38:2820-2829.

齐月,房世波,周文佐,2015. 近 50 年来中国东、西部地面太阳总辐射变化及其与大气环境变化的关系[J]. 物理学报,64:2-6.

王斌,顾蕴倩,刘雪,等,2012. 中国冬小麦种植区光热资源及其配比的时空演变特征分析[J]. 中国农业科学,45(2):228-238.

BOS H J,NEUTEBOOM J H,1998. Morphological analysis of leaf and tiller number dynamics of wheat (*Triticum aestivum* L.):Responses to temperature and light intensity [J]. Annals of Botany,81(1):131-139.

DONG C,FU Y M,LIU G H,et al,2014. Low light intensity effects on the growth,photosynthetic characteristics,antioxidant capacity,yield and quality of wheat (*Triticum aestivum* L.) at different growth stages in BLSS [J]. Advances in Space Research,53(11):1557-1566.

EVERS J B,VOS J,ANDRIEU B,et al,2006. Cessation of tillering in spring wheat in relation to light interception and red:far-red ratio [J]. Annals of Botany,97(4):649-658.

EVTUSHENKO E V,CHEKUROV V M,2004. Inheritance of the light intensity response in spring cultivars of common wheat [J]. Hereditas,141(3):288-292.

FISCHER R A,STOCKMAN Y M,1980. Kernel number per spike in wheat (*Triticum aestivum* L.):Responses to preanthesis shading [J]. Functional Plant Biology,7(2):169-180.

FOULKES M J,SLAFER G A,DAVIES W J,et al,2011. Raising yield potential of wheat. Ⅲ. Optimizing partitioning to grain while maintaining lodging resistance [J]. Journal of Experimental Botany,62:469-486.

FRIEND D J C,1965. Tillering and leaf production in wheat as affected by temperature and light intensity [J]. Canadian Journal of Botany,43(9):1063-1076.

GU Y Q,LI G,SUN Y T,et al,2017. The effects of global dimming on the wheat crop grown in the Yangtze Basin of China simulated by SUCROS_LL,a process-based model [J]. Ecological Modelling,350:42-54.

KIM H K,VAN OOSTEROM E,DINGKUHN M,et al,2010. Regulation of tillering in sorghum:Environmental effects [J]. Annals of Botany,106(1):57-67.

LI K N,YANG X G,TIAN H Q,et al,2016. Effects of changing climate and cultivar on the phenology and yield of winter wheat in the North China Plain [J]. International Journal of Biometeorology,60:21-32.

LIU Y,WANG E L,YANG X G,et al,2010. Contributions of climatic and crop varietal changes to crop production in the North China Plain,since 1980s [J]. Global Change Biology,16:2287-2299.

PARRY M A J,REYNOLDS M,SALVUCCI M E,et al,2011. Raising yield potential of wheat. Ⅱ. Increasing photosynthetic capacity and efficiency [J]. Journal of Experimental Botany,62:453-467.

REYNOLDS M,BONNETT D,CHAPMAN S C,et al,2011. Raising yield potential of wheat. Ⅰ. Overview of a consortium approach and breeding strategies [J]. Journal of Experimental Botany,62:439-452.

SUN S,YANG X G,LIN X M,et al,2018. Climate-smart management can further improve winter wheat yield in China [J]. Agricultural Systems,162:10-18.

第 5 章　冬小麦各级产量潜力及适宜性分区

作物完成其生长发育和产量形成过程受到"作物-气候-土壤-农艺措施"诸多因素限制,分析和评价各级作物产量,明确作物在特定区域获得相应产量能力以及限制其生长发育和产量形成的主要因素,对作物布局和科学管理具有重要意义(王恩利,1987;Liu et al.,2016;Zhao et al.,2018)。评价某区域作物适宜性,不仅考虑产量高低,同时要关注产量的波动性(孙爽等,2015;Sun et al.,2019)。本章利用 APSIM-Wheat 模型设置不同情景,分别模拟各级产量潜力,明确各级产量潜力的高低及稳产性,结合适宜性指标,明确各级冬小麦产量潜力的适宜性分布。

光温产量潜力、光温水产量潜力和光温土产量潜力定义见本书 2.4 节,各级产量潜力模型参数设置如下:

(1)光温产量潜力:利用作物模拟模型方法计算的产量潜力,受光照和温度条件、作物品种特性和栽培管理措施等因素影响(Lobell et al.,2009)。在光温产量潜力模拟过程中,播期设置为各站点的理论适宜播期(王斌 等,2012;Sun et al.,2018),定义见本书 4.4.2 节。基于各站点冬小麦品种数据,每 10 年更换一次冬小麦品种,播种深度为 50 mm,行距为 140 mm,播种密度参考《全国小麦高产高效栽培技术规程》(于振文,2015),设置为 650 株·m^{-2},充分施肥和灌溉。

(2)光温水产量潜力:品种、播期、施肥等设置与光温产量潜力模拟时一致,水分模块设置为无灌溉。

(3)光温土产量潜力:品种、播期、水分及施肥等管理模块设置与光温产量潜力模拟时一致,土壤模块输入的为实际土壤数据。

5.1　光温潜在条件下产量潜力及适宜性分区

5.1.1　光温产量潜力时空分布特征

利用调参验证后的 APSIM-Wheat 模型,模拟了 1981—2015 年研究区域冬小麦光温产量潜力,结合 ArcGIS 中的空间插值表达方法,明确了过去 35 年冬小麦光温产量潜力的时空分异格局。

研究区域内各站点冬小麦光温产量潜力空间分布如图 5.1a 所示,从中可以看出,研究区域冬小麦光温产量潜力范围为 7755~11448 kg·hm^{-2},平均为 9523 kg·hm^{-2},总体表现为北高南低的空间分布特征,高值区主要分布在河北省北部、山东省北部和东部。其中,山东省冬小麦光温产量潜力最高,变化范围为 9140~11448 kg·hm^{-2},平均为 10189 kg·hm^{-2};京津冀地区次之,产量变化范围为 9022～10912 kg·hm^{-2},平均为 9995 kg·hm^{-2};河南省冬小麦光温产量潜力最低,变化范围为 7755～9704 kg·hm^{-2},平均为 8549 kg·hm^{-2}(图 5.1b)。

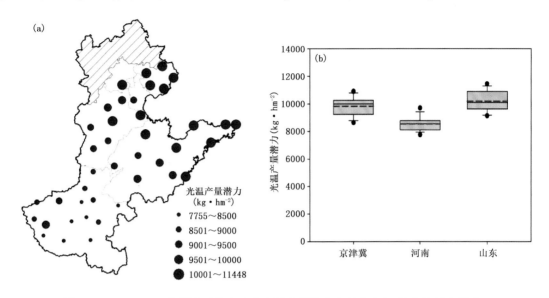

图 5.1　1981—2015 年研究区域冬小麦光温产量潜力空间分布(a)及各地区产量(b)

　　1981—2015 年研究区域冬小麦光温产量潜力的变异系数空间分布及各地区产量变异系数如图 5.2 所示。由图 5.2a 可见,过去 35 年研究区域冬小麦光温产量潜力的变异系数空间差异较大,总体表现为由北向南光温产量潜力稳定性逐渐降低,各站点变异系数变化范围为5.8%～22.0%,平均为 14.1%。其中,河南省冬小麦光温产量潜力稳定性最差,变异系数变化范围为 12.9%～22.0%,平均为 17.0%;山东省次之,变化范围为 11.9%～18.5%,平均为

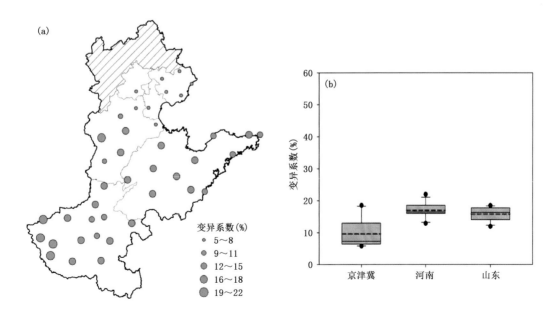

图 5.2　1981—2015 年研究区域冬小麦光温产量潜力变异系数空间分布(a)及各地区产量变异系数(b)

15.8%；京津冀地区冬小麦光温产量潜力稳定性最好，变化范围为 5.8%~18.5%，平均为 9.6%(图 5.2b)。但整个研究区域内差异显著，河北省北部及北京、天津市冬小麦光温产量潜力变异系数均在 6%~8%，河北省南部石家庄—饶阳—南宫一代，冬小麦光温产量潜力变异系数较大，为 16%~22%。模型模拟得到的光温产量潜力受光照、温度、作物品种特性和栽培管理措施等因素的综合影响。本章播种深度、播种密度、施肥等管理措施在模型设定时区域内是一致的，因此光温产量潜力的差异主要受光温条件和品种特性的影响。

　　研究区域和各地区冬小麦光温产量潜力的时间演变趋势如图 5.3 所示。从图中可以看出，品种更替条件下，1981—2015 年研究区域冬小麦光温产量潜力呈显著上升趋势，平均每 10 年增加 835 kg·hm^{-2}，其中，山东省增长速率最快，以 1262 kg·hm^{-2}·(10a)$^{-1}$ 的速率增长；其次是河南省，以 1115 kg·hm^{-2}·(10a)$^{-1}$ 的速率增长；京津冀地区增长速率最慢，以 171 kg·hm^{-2}·(10a)$^{-1}$ 的速率增长。

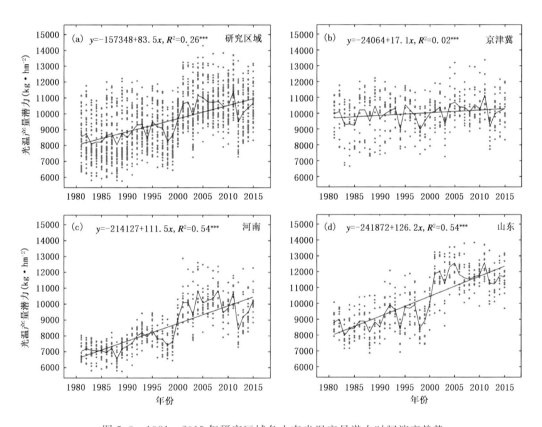

图 5.3　1981—2015 年研究区域冬小麦光温产量潜力时间演变趋势

5.1.2　光温潜在条件下适宜性分区

　　利用 APSIM-Wheat 模型模拟研究区域冬小麦光温产量潜力，计算 1981—2015 年光温产量潜力的平均值、变异系数和高稳系数，结合本书 2.7 节中冬小麦高产性、稳产性和适宜性评价方法，得到光温产量潜力高产性、稳产性和适宜性分区。

(1)高产性

计算研究区域各站点 1981—2015 年光温产量潜力的平均值,明确 1981—2015 年冬小麦光温产量潜力的高产性分区,如图 5.4 和表 5.1 所示。由此可以看出,研究区域冬小麦光温产量潜力的最高产区主要分布在河北省唐山—青龙—秦皇岛一带和山东省东部,占研究区域土地面积的 13%;高产区主要分布在北京市、天津市、河北省保定—饶阳—黄骅一带和山东省惠民县—沂源—兖州一带,占研究区域土地面积的 31%;次高产区主要分布在河北省石家庄—南宫—邢台一带、河南省安阳—新乡—孟津—卢氏一带和山东省西部的莘县—济南一带,占研究区域土地面积的 32%;低产区主要分布在河南省南部,占研究区域土地面积的 24%。

从各地区的分布可以看出,京津冀地区高产区分布比例较大(51%),占该地区土地面积的一半以上,为各地区分布比例最高,该地区没有低产区;山东省高产区分布比例最大,占该地区土地面积的 45%,且山东省内的最高产区分布比例(24%)为各地区最高,省内低产区分布比例仅为 1%;河南省没有最高产区分布,且省内低产区分布比例较大,占该地区土地面积的 65%。图 5.4 中各地区分布比例合计不等于 100% 和表 5.1 分区面积合计不一致是因四舍五入带来,下同。

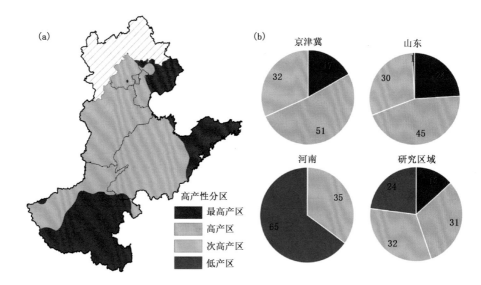

图 5.4 1981—2015 年研究区域冬小麦光温产量潜力的高产性分区(a)及其在不同地区分布比例(b,单位:%)

表 5.1　研究区域冬小麦光温产量潜力高产性分区面积

地区	最高产区面积(万 km²)	高产区面积(万 km²)	次高产区面积(万 km²)	低产区面积(万 km²)
京津冀	2.34	7.05	4.35	0
河南	0	0.03	5.31	9.91
山东	3.49	6.57	4.35	0.12
研究区域	5.83	13.65	14.01	10.03

(2)稳产性

计算研究区域各站点 1981—2015 年光温产量潜力的变异系数,明确 1981—2015 年冬小麦光温产量潜力的稳产性分区,如图 5.5 和表 5.2 所示。由此可以看出,研究区域内冬小麦光温产量潜力的最稳产区主要分布在河北省遵化—唐山—秦皇岛一带和保定—黄骅一带、北京市及天津市,占研究区域土地面积的 16%;稳产区主要分布在河北省西南部、河南省北部和山东省东部地区,占研究区域土地面积的 37%;次稳产区主要分布在山东省西部和河南省孟津—南阳—驻马店一带,占研究区域土地面积的 40%;低稳产区主要分布在河南省西部的卢氏—栾川—西峡一带,仅占研究区域土地面积的 7%。

从各地区的分布可以看出,京津冀地区最稳产区分布比例较大,占该地区土地面积的一半以上(51%),为各地区分布比例最高,该地区低稳产区分布比例仅为 1%;山东省没有最稳产区和低稳产区分布,且省内次稳产区分布比例较高,占省内土地面积的 62%,为各地区分布比例最高;河南省没有最稳产区分布,稳产区分布比例为 39%,次稳产区分布比例为 43%。

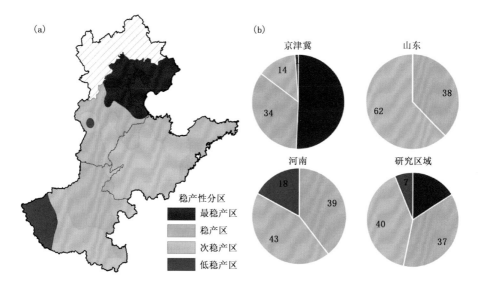

图 5.5 1981—2015 年研究区域冬小麦光温产量潜力的稳产性分区(a)及其在不同地区分布比例(b,单位:%)

表 5.2 研究区域冬小麦光温产量潜力稳产性分区面积

地区	最稳产区面积(万 km²)	稳产区面积(万 km²)	次稳产区面积(万 km²)	低稳产区面积(万 km²)
京津冀	6.96	4.74	1.88	0.16
河南	0	6.00	6.63	2.62
山东	0	5.46	9.07	0
研究区域	6.96	16.20	17.58	2.78

(3)适宜性

基于本书 2.7 节中所述适宜性等级划分方法,综合研究区域冬小麦光温产量潜力的高产性和稳产性,得到 1981—2015 年冬小麦光温产量潜力的高稳系数,明确了过去 35 年研究区域冬小麦光温产量潜力的适宜性分区,如图 5.6 和表 5.3 所示。由此可以看出,研究区域冬小麦光温产量潜力的最适宜区主要分布在河北省遵化—唐山—秦皇岛一带、北京市以及山东省海阳一带,占研究区域土地面积的 10%;适宜区主要分布在天津市、河北省保定—饶阳一带以及山东省惠民县—潍坊—沂源—莒县—青岛—龙口一带,占研究区域土地面积的 36%;次适宜区主要分布在河北省南部石家庄—南宫一带、河南省北部新乡—孟津—郑州—开封一带及山东省西部莘县—济南一带,占研究区域土地面积的 26%;低适宜区主要分布在河南省南部,占研究区域土地面积的 28%。

从各地区的分布可以看出,京津冀地区最适宜区占该地区土地面积的 27%,适宜区面积最大,占该地区土地面积的 47%;山东省适宜区面积最多,分布比例占省内土地面积的 63%,为各地区分布比例最高,次适宜区分布比例占 29%,最适宜区和低适宜区分布比例较低;河南省没有最适宜区和适宜区分布,低适宜区分布比例最高,为 77%,次适宜区分布比例为 23%。

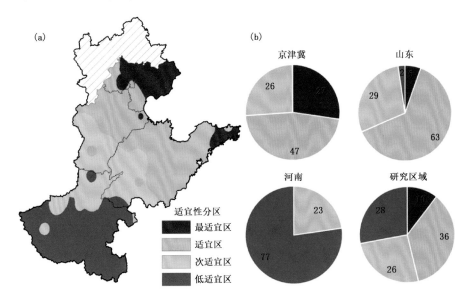

图 5.6　1981—2015 年研究区域冬小麦光温产量潜力的适宜性分区(a)及其在不同地区分布比例(b,单位:%)

表 5.3　研究区域冬小麦光温产量潜力适宜性分区面积

地区	最适宜区面积(万 km²)	适宜区面积(万 km²)	次适宜区面积(万 km²)	低适宜区面积(万 km²)
京津冀	3.75	6.40	3.57	0.01
河南	0	0	3.48	11.77
山东	0.82	9.11	4.25	0.34
研究区域	4.57	15.51	11.30	12.12

5.2　光温水潜在条件下产量潜力及适宜性分区

5.2.1　光温水产量潜力时空分布特征

利用调参验证后的 APSIM-Wheat 模型模拟研究区域冬小麦光温水产量潜力,计算各站点 1981—2015 年光温水产量潜力平均值,结合 ArcGIS 中的空间插值方法,明确了过去 35 年研究区域冬小麦光温水产量潜力的时空分异格局。研究区域内各站点冬小麦光温水产量潜力空间分布如图 5.7a 所示,由此可见,研究区域研究时段内冬小麦光温水产量潜力变化范围为 2530~10030 kg·hm⁻²,平均为 4884 kg·hm⁻²,总体表现为北低南高的空间分布特征,高值区主要分布在河南省南部和山东省东部地区。其中,山东省冬小麦光温水产量潜力最高,变化范围为 3816~10030 kg·hm⁻²,平均为 5951 kg·hm⁻²,高值区主要分布在山东省东部地区;河南省次之,产量变化范围为 4194~6276 kg·hm⁻²,平均为 5362 kg·hm⁻²,高值区主要分布在河南省南部;京津冀地区冬小麦光温水产量潜力最低,变化范围为 2530~5577 kg·hm⁻²,平均为 3456 kg·hm⁻²(图 5.7b)。

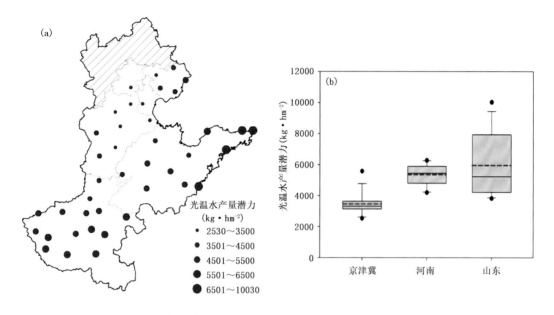

图 5.7　1981—2015 年研究区域冬小麦光温水产量潜力空间分布(a)及各地区产量(b)

1981—2015 年研究区域冬小麦光温水产量潜力的变异系数空间分布及各地区产量变异系数如图 5.8 所示。由图 5.8a 可见,过去 35 年研究区域冬小麦光温水产量潜力的变异系数空间差异较大,总体表现为由北向南光温水产量潜力稳定性逐渐升高,各站点变异系数变化范围为 11.9%~41.8%,平均为 28.4%。其中,京津冀地区冬小麦光温水产量潜力稳定性最差,变异系数变化范围为 25.1%~41.8%,平均为 34.2%;河南省次之,变化范围为 19.8%~33.6%,平均为 25.6%;山东省冬小麦光温水产量潜力稳定性最好,变化范围为 11.9%~33.2%,平均为 25.0%(图 5.8b)。

研究区域和各地区冬小麦光温水产量潜力的时间变化趋势如图 5.9 所示。从图中可以看出,品种更替条件下,1981—2015 年研究区域冬小麦光温水产量潜力呈上升趋势,平均每 10 年增长 100.5 kg·hm⁻²。从各地区变化趋势可以看出,仅山东省冬小麦光温水产量潜力变化趋势达到了显著水平,平均每 10 年增长 251.9 kg·hm⁻²;河南省平均每 10 年增长 92.6 kg·hm⁻²,而京津冀地区呈下降趋势,每 10 年降低 20.9 kg·hm⁻²。

5.2.2　光温水潜在条件下适宜性分区

利用 APSIM-Wheat 模型模拟研究区域冬小麦光温水产量潜力,计算 1981—2015 年光温水产量潜力的平均值、变异系数和高稳系数,结合本书 2.7 节中冬小麦高产性、稳产性和适宜性评价方法,得到光温水产量潜力高产性、稳产性和适宜性分区。

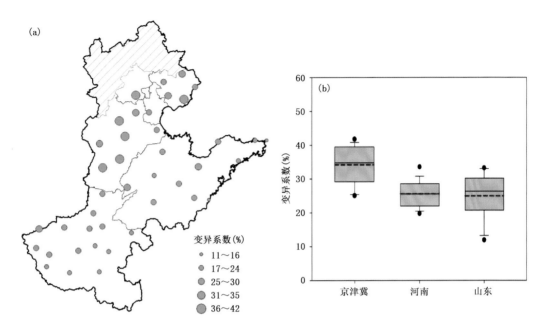

图 5.8　1981—2015 年研究区域冬小麦光温水产量潜力变异系数空间分布（a）及各地区产量变异系数（b）

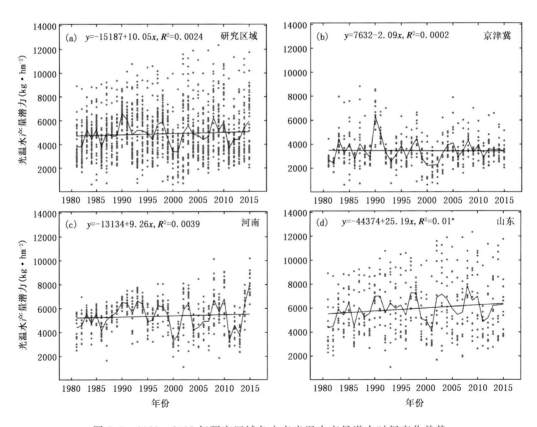

图 5.9　1981—2015 年研究区域冬小麦光温水产量潜力时间变化趋势

（1）高产性

计算研究区域各站点 1981—2015 年光温水产量潜力的平均值,明确 1981—2015 年冬小麦光温水产量潜力的高产性分区,如图 5.10 和表 5.4 所示。从图 5.10 和表 5.4 可以看出,研究区域冬小麦光温水产量潜力的最高产区主要分布在山东省东部和河南省西华—驻马店一带及栾川—西峡一带,占研究区域土地面积的 13%;高产区主要分布在山东省济南—兖州—莒县一带和河南省大部分地区,占研究区域土地面积的 39%;次高产区主要分布在河北省青龙—乐亭一带及邢台、山东省惠民县—莘县—潍坊一带及河南省安阳—新乡一带,占研究区域土地面积的 24%;低产区主要分布在北京市、天津市、河北省遵化—唐山一带及保定—饶阳—南宫—黄骅一带,占研究区域土地面积的 24%。

从各地区分布可以看出,由于降水量相对较小,京津冀地区冬小麦光温水产量潜力的低产区分布比例较大,占该地区土地面积的 75%,为各地区分布比例最高,高产区仅占该地区土地面积的 1%,次高产区分布比例为 24%;山东省最高产区分布比例为 20%,高产区分布比例为41%,低产区分布比例仅占 1%;河南省最高产区分布比例为 18%,没有低产区分布,省内高产区分布比例较大,占省内土地面积的 70%,为各地区分布比例最高。

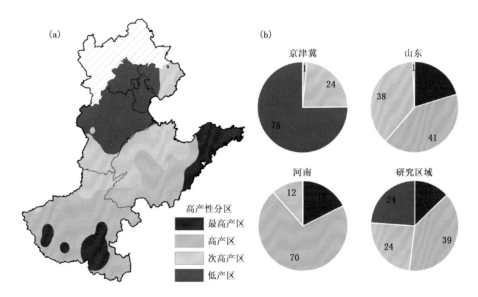

图 5.10 1981—2015 年研究区域冬小麦光温水产量潜力的高产性分区(a)及其在不同地区分布比例(b,单位:%)

表 5.4 研究区域冬小麦光温水产量潜力高产性分区面积

地区	最高产区面积（万 km²）	高产区面积（万 km²）	次高产区面积（万 km²）	低产区面积（万 km²）
京津冀	0.02	0.19	3.20	10.32
河南	2.69	10.80	1.76	0
山东	2.96	5.95	5.52	0.09
研究区域	5.67	16.94	10.48	10.41

（2）稳产性

计算研究区域各站点 1981—2015 年光温水产量潜力的变异系数,明确 1981—2015 年冬小麦光温水产量潜力的稳产性分区,如图 5.11 和表 5.5 所示。从图 5.11 和表 5.5 可以看出,研究区域冬小麦光温水产量潜力的最稳产区主要分布在山东省东部威海—海阳一带及河南省南部西峡—南阳—西华—商丘—驻马店一带,占研究区域土地面积的 20%;稳产区主要分布在山东省惠民县—兖州及龙口一带和河南省卢氏—郑州—开封—许昌—宝丰—栾川一带,占研究区域土地面积的 32%;次稳产区主要分布在河北省遵化—唐山一带、山东省潍坊—沂源一带及河南省安阳—新乡一带,占研究区域土地面积的 27%;低稳产区主要分布在河北省青龙—乐亭一带及保定—饶阳—南宫—邢台—石家庄一带和北京市,仅占研究区域土地面积的 21%。

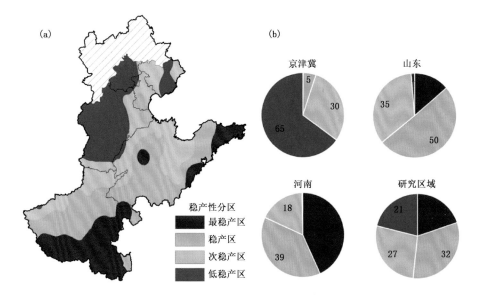

图 5.11　1981—2015 年研究区域冬小麦光温水产量潜力的稳产性分区(a)及其在不同地区分布比例(b,单位:%)

从各地区的分布结果可以看出,京津冀地区低稳产区分布比例较大,占该地区土地面积的 65%,为各地区分布比例最高,该地区次稳产区分布比例为 30%;山东省稳产区分布比例为 50%,其次为次稳产区,分布比例为 35%,最稳产区分布比例为 14%,低稳产区分布比例仅为 1%;河南省最稳产区分布比例为各地区最大,为 43%,稳产区分布比例为 39%。

表 5.5　研究区域冬小麦光温水产量潜力稳产性分区面积

地区	最稳产区面积(万 km²)	稳产区面积(万 km²)	次稳产区面积(万 km²)	低稳产区面积(万 km²)
京津冀	0.02	0.68	4.11	8.93
河南	6.60	5.88	2.74	0.04
山东	1.99	7.32	5.01	0.20
研究区域	8.61	13.88	11.85	9.17

（3）适宜性

基于本书2.7节中所述的适宜性等级划分方法,综合研究区域冬小麦光温水产量潜力的高产性和稳产性,得到1981—2015年冬小麦光温水产量潜力的高稳系数,明确过去35年研究区域冬小麦光温水产量潜力的适宜性分区,如图5.12和表5.6所示。从图5.12和表5.6可以看出,研究区域冬小麦光温水产量潜力的最适宜区主要分布在山东省东部威海—海阳—青岛一带和河南省南部栾川—南阳—西华—驻马店一带,占研究区域土地面积的19%;适宜区主要分布在山东省济南—兖州—莒县一带和河南省孟津—卢氏—宝丰—开封一带,占研究区域土地面积的34%;次适宜区主要分布在河北省乐亭—黄骅一带、山东省莘县—惠民县—潍坊一带以及河南省北部安阳—新乡一带,占研究区域土地面积的24%;低适宜区主要分布在北京市、河北省遵化及保定—石家庄—邢台—南宫—饶阳一带,占研究区域土地面积的23%。

从各地区的分布结果可以看出,京津冀地区适宜区分布比例仅占1%,低适宜区分布比例最高,占75%,为各地区最高;山东省最适宜区分布比例为19%,适宜区分布比例为44%;河南省内最适宜区和适宜区分布比例均为各地区最高值,分别为35%和53%,省内没有低适宜区。

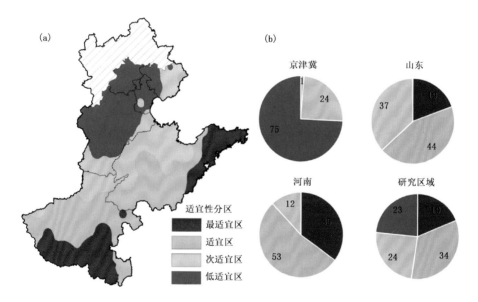

图 5.12　1981—2015年研究区域冬小麦光温水产量潜力的适宜性分区(a)及其在不同地区分布比例(b,单位:%)

表 5.6　研究区域冬小麦光温水产量潜力适宜性分区面积

地区	最适宜区面积（万 km²）	适宜区面积（万 km²）	次适宜区面积（万 km²）	低适宜区面积（万 km²）
京津冀	0.02	0.15	3.36	10.20
河南	5.33	8.09	1.83	0
山东	2.81	6.36	5.34	0.02
研究区域	8.16	14.60	10.53	10.22

5.3　光温土潜在条件下产量潜力及适宜性分区

5.3.1　光温土产量潜力时空分布特征

利用调参验证后的 APSIM-Wheat 模型模拟 1981—2015 年研究区域冬小麦光温土产量潜力,结合 ArcGIS 中的空间插值方法,明确了过去 35 年研究区域冬小麦光温土产量潜力的时空分异格局。

1981—2015 年研究区域内各站点冬小麦光温土产量潜力空间分布如图 5.13a 所示,由图可知,冬小麦光温土产量潜力变化范围为 6924～11222 kg·hm^{-2},平均为 8503 kg·hm^{-2},总体表现为北高南低的空间分布特征,高值区主要分布在河北省北部、山东省北部和东部。其中,山东省冬小麦光温土产量潜力最高,变化范围为 8160～11222 kg·hm^{-2},平均为 9098 kg·hm^{-2},高值区主要分布在山东省北部和东部地区;京津冀地区次之,产量变化范围为 8056～9743 kg·hm^{-2},平均为 8924 kg·hm^{-2},高值区主要分布在河北省北部;河南省冬小麦光温土产量潜力最低,变化范围为 6924～8664 kg·hm^{-2},平均为 6815 kg·hm^{-2}(图 5.13b)。

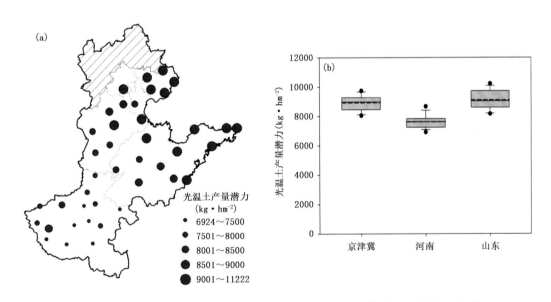

图 5.13　1981—2015 年研究区域冬小麦光温土产量潜力空间分布(a)及各地区产量(b)

1981—2015 年研究区域冬小麦光温土产量潜力变异系数空间分布及各地区产量变异系数如图 5.14 所示。由图 5.14a 可见,过去 35 年研究区域冬小麦光温土产量潜力的变异系数空间差异较大,总体表现为由北到南光温土产量潜力稳定性逐渐降低,各站点变异系数变化范围为 6.4%～22.0%,平均为 15.4%。其中,河南省冬小麦光温土产量潜力稳定性最差,变异系数变化范围为 12.9%～22.0%,平均为 17.0%;山东省次之,变化范围为 11.9%～18.5%,平均为 15.8%;京津冀地区冬小麦光温土产量潜力稳定性最好,变化范围为 6.4%～18.5%,平均为 13.2%(图 5.14b),且区域内部差异显著,河北省北部及北京市、天津市冬小麦光温土产量潜力变异系数均在 6%～14%,而河北省南部石家庄—饶阳—南宫一代,冬小麦光温土产量潜力变异系数较大,在 18% 以上(图 5.14a)。

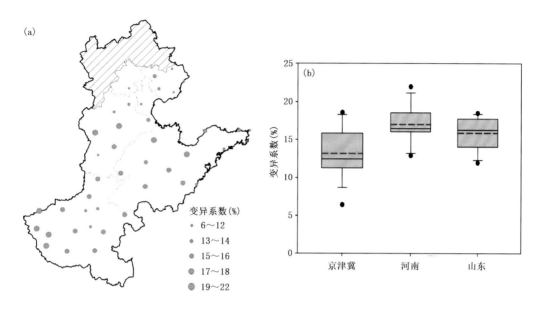

图 5.14　1981—2015 年研究区域冬小麦光温土产量潜力变异系数空间分布(a)及各地区产量变异系数(b)

研究区域和各地区冬小麦光温土产量潜力的时间变化趋势如图 5.15 所示。从图中可以看出,品种更替条件下,1981—2015 年研究区域冬小麦光温土产量潜力呈显著上升趋势,平均每 10 年增加 746 kg·hm^{-2}。其中,山东省增长最快,以 1126 kg·hm^{-2}·(10a)$^{-1}$的速率逐渐增长;其次是河南省,以 995 kg·hm^{-2}·(10a)$^{-1}$的速率增长;京津冀地区增长最慢,以 152 kg·hm^{-2}·(10a)$^{-1}$的速率增长。

5.3.2　光温土潜在条件下适宜性分区

利用 APSIM-Wheat 模型模拟研究区域冬小麦光温土产量潜力,计算 1981—2015 年光温土产量潜力的平均值、变异系数和高稳系数,结合本书 2.7 节中冬小麦高产性、稳产性和适宜性评价方法,得到光温土产量潜力高产性、稳产性和适宜性分区。

(1)高产性

计算研究区域各站点 1981—2015 年光温土产量潜力的平均值,明确 1981—2015 年冬小麦光温土产量潜力的高产性分区,如图 5.16 和表 5.7 所示。从图 5.16 和表 5.7 可以看出,研究区域冬小麦光温土产量潜力的最高产区主要分布在河北省唐山—青龙—秦皇岛一带和山东省东部,占研究区域土地面积的 13%;高产区主要分布在北京市、天津市、河北省保定—饶阳—黄骅一带和山东省惠民县—沂源—兖州一带,占研究区域土地面积的 31%;次高产区主要分布在河北省石家庄—南宫—邢台一带、河南省安阳—新乡—孟津—卢氏一带和山东省西部的莘县—济南一带,占研究区域土地面积的 32%;低产区主要分布在河南省南部,占研究区域土地面积的 24%。

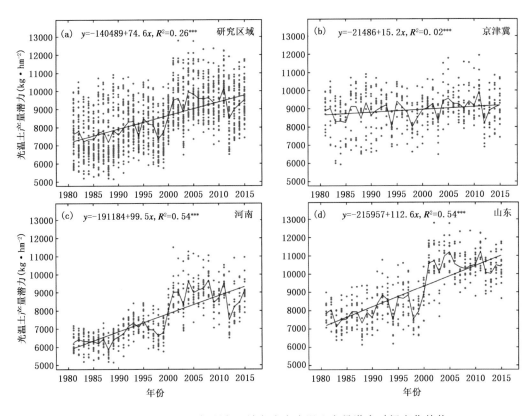

图 5.15 1981—2015 年研究区域冬小麦光温土产量潜力时间变化趋势

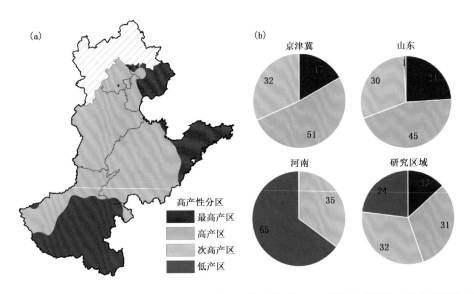

图 5.16 1981—2015 年研究区域冬小麦光温土产量潜力的高产性分区(a)及其在不同地区分布比例(b,单位:%)

从各地区的分布结果可以看出,京津冀地区高产区分布比例较大,占该地区的一半以上(51%),为各地区分布比例最高,该地区没有低产区分布;山东省高产区分布比例最大,占省内土地面积的45%,且山东省最高产区分布比例(24%)为各地区最高,省内低产区分布比例仅为1%;河南省没有最高产区分布,省内低产区分布比例较大,占省内土地面积的65%。

表 5.7　研究区域冬小麦光温土产量潜力高产性分区面积

地区	最高产区面积(万 km²)	高产区面积(万 km²)	次高产区面积(万 km²)	低产区面积(万 km²)
京津冀	2.32	7.06	4.35	0
河南	0	0.03	5.32	9.90
山东	3.49	6.57	4.35	0.12
研究区域	5.81	13.66	14.02	10.02

(2)稳产性

计算研究区域各站点1981—2015年光温土产量潜力的变异系数,明确1981—2015年冬小麦光温土产量潜力的稳产性分区,如图5.17和表5.8所示。从图5.17和表5.8可以看出,研究区域内冬小麦光温土产量潜力的最稳产区主要分布在河北省唐山—乐亭—秦皇岛—青龙一带和保定、北京市和天津市,占研究区域土地面积的14%;稳产区主要分布在河北省黄骅、河南省北部和山东省东部地区,占研究区域土地面积的32%;次稳产区主要分布在山东省西部和河南省孟津—南阳—驻马店一带,占研究区域土地面积的46%;低稳产区主要分布在河南省西部的卢氏—栾川—西峡一带,占研究区域土地面积的8%。

从各地区的分布可以看出,京津冀地区最稳产区分布比例较大,占该地区土地面积的42%,为各地区分布比例最高,该地区低稳产区分布比例仅为2%;山东省次稳产区分布比例较高,占省内土地面积的70%,为各地区分布比例最高;河南省稳产区分布比例为33%,次稳产区分布比例为48%,低稳产区分布比例为19%,为各地区分布比例最高。

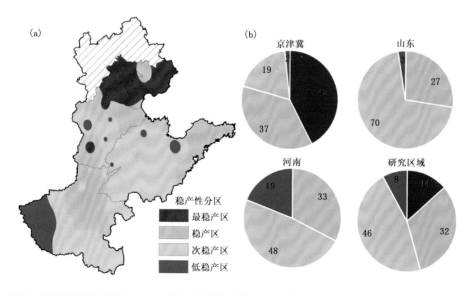

图 5.17　1981—2015年研究区域冬小麦光温土产量潜力的稳产性分区(a)及其在不同地区分布比例(b,单位:%)

表 5.8　研究区域冬小麦光温土产量潜力稳产性分区面积

地区	最稳产区面积(万 km²)	稳产区面积(万 km²)	次稳产区面积(万 km²)	低稳产区面积(万 km²)
京津冀	5.81	5.09	2.58	0.24
河南	0	4.96	7.37	2.91
山东	0.02	3.95	10.18	0.37
研究区域	5.83	14.00	20.14	3.53

（3）适宜性

基于本书 2.7 节中所述的适宜性等级划分方法,综合研究区域冬小麦光温土产量潜力的高产性和稳产性,得到 1981—2015 年冬小麦光温土产量潜力的高稳系数,明确过去 35 年研究区域冬小麦光温土产量潜力的适宜性分区,如图 5.18 和表 5.9 所示。从图 5.18 和表 5.9 可以看出,研究区域冬小麦光温土产量潜力的最适宜区主要分布在河北省乐亭—秦皇岛一带、北京市以及山东省东部,占研究区域土地面积的 16%;适宜区主要分布在河北省大部分地区以及山东省惠民县—潍坊—沂源—莒县—兖州一带,占研究区域土地面积的 36%;次适宜区主要分布在河北省石家庄及遵化、天津市、河南省北部新乡—孟津—郑州—开封一带及山东省西部莘县—济南一带,占研究区域土地面积的 21%;低适宜区主要分布在河南省南部,占研究区域土地面积的 27%。

从各地区的分布可以看出,京津冀地区最适宜区占该地区土地面积的 15%,适宜区面积为各地区分布比例最高,占该地区土地面积的 60%,没有低适宜区分布;山东省最适宜区面积占省内土地面积的 33%,为各地区分布比例最高,适宜区面积占省内土地面积的 51%,次适宜区分布比例为 14%,低适宜区分布比例较低;河南省没有最适宜区和适宜区分布,低适宜区分布比例为各地区最高(75%),次适宜区分布比例为 25%。

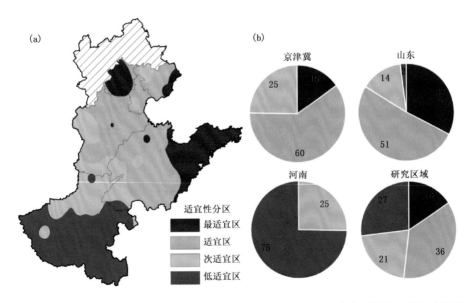

图 5.18　1981—2015 年研究区域冬小麦光温土产量潜力的适宜性分区(a)及其在不同地区分布比例(b,单位:%)

表 5.9　研究区域冬小麦光温土产量潜力适宜性分区面积

地区	最适宜区面积(万 km²)	适宜区面积(万 km²)	次适宜区面积(万 km²)	低适宜区面积(万 km²)
京津冀	2.08	8.26	3.38	0
河南	0	0	3.86	11.39
山东	4.73	7.47	2.04	0.29
研究区域	6.81	15.73	9.28	11.68

5.4　冬小麦实际产量适宜性分区

5.4.1　高产性

基于研究区域 1981—2010 年县级实际产量数据,利用 ArcGIS 工具将县级产量数据提取至各气象站点,得到研究区域内各站点实际产量,明确 1981—2010 年冬小麦实际产量高产性分区,如图 5.19 和表 5.10 所示。从图 5.19 和表 5.10 可以看出,冬小麦实际产量的最高产区零星分布在河北省乐亭、保定、石家庄,山东省兖州,以及河南省新乡、许昌—西华一带,占研究区域土地面积的 11%;高产区主要分布在河北省遵化—唐山一带,山东省莘县、莒县,以及河南省孟津、商丘、固始,占研究区域土地面积的 38%;次高产区主要分布在河北省青龙—秦皇岛及霸州—邢台一带、山东省海阳—威海和济南及河南省郑州—宝丰一带,占研究区域土地面积的 39%;低产区主要分布在天津市、河北省黄骅、山东省沂源及河南省卢氏—栾川—西峡一带,占研究区域土地面积的 12%。

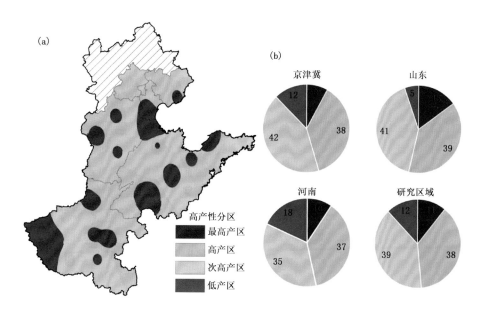

图 5.19　1981—2010 年研究区域冬小麦实际产量的高产性分区(a)及其在不同地区分布比例(b,单位:%)

从各地区的分布结果可以看出,京津冀地区最高产区分布比例为8%,高产区分布比例为38%,次高产区分布比例为42%,在各地区分布比例最高,低产区分布比例为12%;山东省最高产区分布比例为15%,高产区分布比例为39%,最高产区和高产区分布比例在各地区内最高,次高产区分布比例为41%,低产区分布比例为5%;河南省最高产区分布比例为10%,高产区分布比例为37%,次高产区分布比例为35%,低产区分布比例为18%,在各地区分布比例最高。

表5.10   研究区域冬小麦实际产量高产性分区面积

地区	最高产区面积(万 km²)	高产区面积(万 km²)	次高产区面积(万 km²)	低产区面积(万 km²)
京津冀	1.08	5.15	5.82	1.69
河南	1.43	5.67	5.39	2.77
山东	2.17	5.62	5.95	0.78
研究区域	4.68	16.44	17.16	5.23

5.4.2 稳产性

基于研究区域1981—2010年县级实际产量数据,利用ArcGIS工具将县级产量数据提取至各气象站点,得到研究区域内各站点实际产量并计算其变异系数,明确1981—2010年冬小麦实际产量的稳产性分区,如图5.20和表5.11所示。从图5.20和表5.11可以看出,研究区域冬小麦实际产量的最稳产区零星分布在河北省遵化—唐山一带及河南省新乡、郑州、南阳,占研究区域土地面积的3%;稳产区主要分布在河北省乐亭、邢台,山东省莘县—兖州一带,以及河南省开封、宝丰、西峡,占研究区域土地面积的24%;次稳产区主要分布在河北省青龙—秦皇岛一带、山东省惠民县—潍坊—威海—莒县一带及河南省许昌—西华一带,占研究区域土地面积的46%;低稳产区主要分布在天津市,河北省霸州—饶阳—南宫—黄骅一带,以及河南

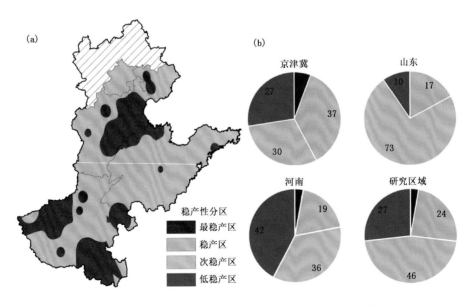

图5.20   1981—2010年研究区域冬小麦实际产量的稳产性分区(a)及其在不同地区分布比例(b,单位:%)

省孟津—卢氏、商丘、驻马店,占研究区域土地面积的 27%。

从各地区的分布可以看出,京津冀地区最稳产区分布比例为 6%,稳产区分布比例为 37%,最稳产区和稳产区分布比例在各地区最高,次稳产区分布比例为 30%,低稳产区分布比例为 27%;山东省没有最稳产区分布,稳产区分布比例为 17%,次稳产区分布比例为 73%,在各地区分布比例最高,低稳产区分布比例为 10%;河南省最稳产区分布比例为 3%,稳产区分布比例为 19%,次稳产区分布比例为 36%,低稳产区分布比例为 42%,在各地区分布比例最高。

表 5.11　研究区域冬小麦实际产量稳产性分区面积

地区	最稳产区面积(万 km²)	稳产区面积(万 km²)	次稳产区面积(万 km²)	低稳产区面积(万 km²)
京津冀	0.77	5.04	4.16	3.76
河南	0.44	2.93	5.45	6.43
山东	0	2.51	10.62	1.40
研究区域	1.21	10.48	20.23	11.59

5.4.3　适宜性

基于本书 2.7 节中冬小麦适宜性等级划分方法,综合研究区域冬小麦实际产量的高产性和稳产性,得到 1981—2015 年冬小麦实际产量的高稳系数,明确过去 35 年研究区域冬小麦实际产量的适宜性分区,如图 5.21 和表 5.12 所示。研究区域冬小麦实际产量的最适宜区零星分布在河北省唐山、乐亭、保定、石家庄,山东省兖州,以及河南省新乡,占研究区域土地面积的 8%;适宜区主要分布在河北省遵化—北京一带,山东省莘县、潍坊—青岛一带,以及河南省安阳—郑州—开封一带,占研究区域土地面积的 38%;次适宜区主要分布在河北省青龙—秦皇岛和饶阳—邢台一带,山东省海阳—威海和济南—莒县一带,以及河南省宝丰、商丘,占研究区域土地面积的 38%;低适宜区主要分布在天津市、河北省黄骅,山东省沂源,以及河南省孟

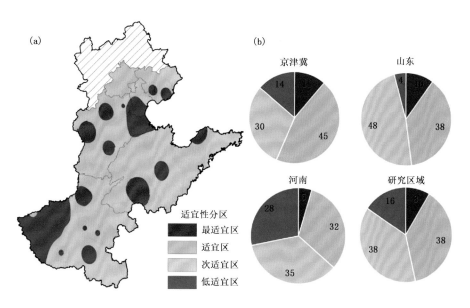

图 5.21　1981—2010 年研究区域冬小麦实际产量的适宜性分区(a)及其在不同地区分布比例(b,单位:%)

津—卢氏—栾川—西峡一带,占研究区域土地面积的16%。

从各地区的分布可以看出,京津冀地区最适宜区分布比例为11%,适宜区分布比例为45%,最适宜区和适宜区分布比例在各地区最高,次适宜区分布比例为30%,低适宜区分布比例为14%;山东省最适宜区分布比例为10%,适宜区分布比例为38%,次适宜区分布比例为48%,在各地区分布比例最高,低适宜区分布比例为4%;河南省最适宜区分布比例为5%,适宜区分布比例为32%,次适宜区分布比例为35%,低适宜区分布比例为28%,在各地区分布比例最高。

表 5.12　研究区域冬小麦实际产量适宜性分区面积

地区	最适宜区面积(万 km²)	适宜区面积(万 km²)	次适宜区面积(万 km²)	低适宜区面积(万 km²)
京津冀	1.55	6.20	4.11	1.88
河南	0.69	4.87	5.39	4.30
山东	1.45	5.51	6.96	0.61
研究区域	3.69	16.58	16.46	6.79

5.5　本章小结

基于 APSIM-Wheat 模型,模拟了 1981—2015 年研究区域冬小麦光温产量潜力、光温水产量潜力和光温土产量潜力,明确了各级产量潜力及实际产量空间分布格局和时间演变趋势,揭示其适宜性分区特征。研究结果表明,气候变化背景下,过去 35 年研究区域冬小麦光温产量潜力和光温土产量潜力均呈北高南低的空间分布特征,品种更替条件下光温产量潜力和光温土产量潜力呈显著上升趋势;光温水产量潜力呈北低南高的分布特征,品种更替条件下呈上升趋势。光温产量潜力最适宜区和适宜区主要分布在京津冀地区北部和山东省东部,占研究区域土地面积的 46%;光温水产量潜力最适宜区和适宜区主要分布在河南省南部和山东省南部,占研究区域土地面积的 53%;光温土产量潜力最适宜区和适宜区主要分布在京津冀地区和山东省大部分地区,占研究区域土地面积的 52%;实际产量最适宜区和适宜区零星分布在各地区,占研究区域土地面积的 46%。

参 考 文 献

龚绍先,1987. 粮食作物与气象[M]. 北京:北京农业大学出版社.

孙爽,杨晓光,赵锦,等,2015. 全球气候变暖对中国种植制度的可能影响Ⅺ.气候变化背景下中国冬小麦潜在光温适宜种植区变化特征[J]. 中国农业科学,48(10):1926-1941.

王斌,顾蕴倩,刘雪,等,2012. 中国冬小麦种植区光热资源及其配比的时空演变特征分析[J]. 中国农业科学,45(2):228-238.

王恩利,1987. 黄淮海地区冬小麦、夏玉米生产力评价及本区潜在人口支持能力估算初探[D]. 北京:北京农业大学.

于振文,2015. 全国小麦高产高效栽培技术规程[M]. 济南:山东科学技术出版社.

FISCHER R A,2015. Definitions and determination of crop yield,yield gaps,and of rates of change [J]. Filed Crops Research,182:9-18.

LIU Z J,YANG X G,LIN X M,et al,2016. Maize yield gaps caused by non-controllable,agronomic,and socio-economic factors in a changing climate of Northeast China [J]. Science of the Total Environment,541:756-764.

LOBELL D B,CASSMAN K G,FIELD C B,2009. Crop yield caps:Their importance,magnitudes,and causes [J]. Annual Review of Environment and Resources,34:179-204.

SUN S,YANG X G,LIN X M,et al,2018. Climate-smart management can further improve winter wheat yield in China [J]. Agricultural Systems,162:10-18.

SUN S,YANG X G,LIN X M,et al,2019. Seasonal variability in potential and actual yields of winter wheat in China [J]. Field Crops Research,240:1-11.

ZHAO J,YANG X G,2018. Distribution of high-yield and high-yield-stability zones for maize yield potential in the main growing regions in China [J]. Agricultural and Forest Meteorology,248:511-517.

第6章 冬小麦各级产量差及限制性因素解析

本书第4章明确了气候变化对研究区域内冬小麦产量影响程度与适应措施,第5章揭示了各级产量潜力时空分布特征及适宜性分区。研究结果表明20世纪80年代以来气候变化对研究区域冬小麦产量高产性和稳产性带来一定的负面影响。由于农业技术进步以及品种改良等,冬小麦实际产量呈显著增加趋势(Li et al.,2014;Sun et al.,2018)。但小麦产量潜力仍没有得到充分挖掘,实际产量和潜在产量之间仍存在较大差距,即产量差。缩小产量差对提高粮食产量具有重要意义(杨晓光 等,2014)。哪些因素造成了农户实际产量与作物潜在产量的差距?这个差距到底有多大?限制其产量潜力发挥的因素有哪些?应采取什么措施来缩小产量差?为了回答这些问题,在本书第4章和第5章基础上,本章进一步明确各级产量差的空间分布格局和时间演变趋势,解析冬小麦产量差及产量限制因素,揭示不同适宜性分区内降水、土壤、农户管理和农技水平对冬小麦产量的影响程度。

为明确冬小麦各级产量差,解析各级产量差及产量限制因素,本章定义光温产量潜力与实际产量之间的产量差为总产量差,并将总产量差分为产量差1、产量差2和产量差3,各级产量差的定义和计算见本书2.4节。

6.1 各级产量差时空特征

6.1.1 光温产量潜力与实际产量之间产量差分布

光温产量潜力与实际产量之间的差值,是作物生产中的总产量差。通过对总产量差分析可定量分析光温产量潜力与实际产量之间的差距。

图6.1为1981—2015年研究区域冬小麦光温产量潜力与实际产量之间的总产量差空间分布及各地区总产量差。从图6.1a中可以看出,冬小麦光温产量潜力与实际产量之间总产量差的平均值为4535 kg·hm^{-2},研究区域内地区之间差异较大,变化范围为2064~8175 kg·hm^{-2},整体呈东北和西南高、中部低的空间分布格局,高值区主要分布在河北省东北部、天津市、山东省东部和河南省三门峡—卢氏—栾川—西峡一带。其中,河北省东北部、天津市和山东省东部由于光温条件较好,冬小麦光温产量潜力较高,而当地实际产量处于中等水平,因此该地区总产量差较大,尤其是河北省青龙—秦皇岛一带和天津市、山东省威海—海阳等地区,近35年总产量差平均超过5000 kg·hm^{-2}。河南省三门峡—卢氏—栾川—西峡一带虽然光温条件相对较差,光温产量潜力较低,但因实际产量较低,导致该地区总产量差较大,近35年平均超过4000 kg·hm^{-2},其中卢氏—栾川一带超过5000 kg·hm^{-2}。

进一步比较京津冀、河南和山东冬小麦总产量差(图6.1b)可以看出,京津冀地区冬小麦

光温产量潜力与实际产量之间总产量差最大,平均为 5205 kg·hm⁻²,变化范围为 2906～
8175 kg·hm⁻²;山东省次之,总产量差平均为 4788 kg·hm⁻²,变化范围为 2457～6422 kg·
hm⁻²;河南省总产量差最小,平均为 3707 kg·hm⁻²,变化范围为 2064～6082 kg·hm⁻²。总
产量差占光温产量潜力的百分比全区平均为 48%,京津冀地区、河南省、山东省分别为 46%、
39% 和 42%,由此可以看出过去 35 年研究区域冬小麦实际产量仅达到光温产量潜力的 52%,
目前冬小麦产量仍有较大的提升空间。

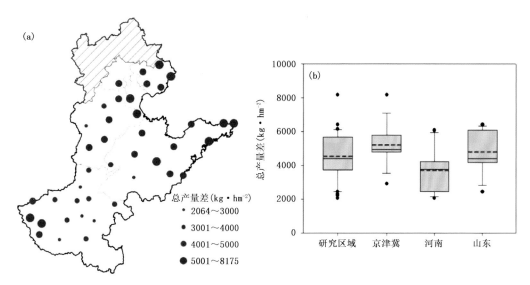

图 6.1　1981—2015 年研究区域冬小麦光温产量潜力与实际产量之间总产量差空间分布(a)及
各地区总产量差(b)

　　图 6.2 为 1981—2015 年各地区冬小麦总产量差平均值累积概率分布。由图可以看出,京
津冀地区 10% 的站点冬小麦总产量差平均值高于 3521 kg·hm⁻²,10% 的站点冬小麦总产量
差低于 7105 kg·hm⁻²,43% 的站点冬小麦总产量差集中在 4500～5000 kg·hm⁻²,21% 的站
点冬小麦总产量差集中在 5500～6000 kg·hm⁻²;河南省 10% 的站点冬小麦总产量差平均值
高于 2161 kg·hm⁻²,10% 的站点冬小麦总产量差低于 5961 kg·hm⁻²,40% 的站点冬小麦总
产量差集中在 3500～4000 kg·hm⁻²,27% 的站点冬小麦总产量差集中在 2000～2500
kg·hm⁻²;山东省 10% 的站点冬小麦总产量差平均值高于 2830 kg·hm⁻²,10% 的站点冬小
麦总产量差低于 6341 kg·hm⁻²,42% 的站点冬小麦总产量差集中在 4000～4500 kg·hm⁻²,
25% 的站点冬小麦总产量差集中在 6000～6500 kg·hm⁻²;研究区域内 10% 的站点冬小麦总
产量差平均值高于 2444 kg·hm⁻²,10% 的站点冬小麦总产量差低于 6148 kg·hm⁻²,51% 的
站点冬小麦总产量差集中在 4000～5000 kg·hm⁻²,24% 的站点冬小麦总产量差集中在
5500～6500 kg·hm⁻²。

　　图 6.3 为 1981—2015 年研究区域冬小麦光温产量潜力与实际产量之间总产量差变化趋
势空间分布及各地区总产量差变化趋势。由图 6.3a 可以看出,过去 35 年除京津冀地区外,
研究区域内冬小麦光温产量潜力与实际产量之间的总产量差呈增大趋势,平均每 10 年增大
98 kg·hm⁻²,变化范围在 −1745～1253 kg·hm⁻²·(10a)⁻¹,研究区域内各地区之间变化
趋势不一致且差异较大。河北省北部、北京市、天津市及河南省商丘—许昌—西华—驻马店一

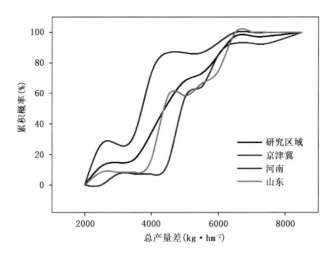

图 6.2　研究区域冬小麦总产量差平均值累积概率分布

带总产量差呈减小趋势,其中河北省北部、北京市和天津市冬小麦总产量差减小速率较快,平均每 10 年总产量差减小 500 kg·hm^{-2}以上;河北省南部、河南省西部和山东省冬小麦总产量差呈增大趋势,河北省石家庄、河南省西部及山东省威海—沂源一带冬小麦总产量差增大速率较快,平均每 10 年增大 500 kg·hm^{-2}以上。

进一步分析研究区域内各地区冬小麦总产量差变化趋势(图 6.3b)可以看出,京津冀地区冬小麦光温产量潜力与实际产量之间的总产量差整体呈显著减小趋势,平均每 10 年减小 590 kg·hm^{-2},变化范围为$-1744\sim615$ kg·hm^{-2}·$(10a)^{-1}$,根据第 5 章分析,京津冀地区冬小麦光温产量潜力和实际产量均呈提高趋势,但光温产量潜力的提高速率小于实际产量的提高速率,因此该地区冬小麦总产量差呈显著减小趋势。与之不同的是,河南省和山东省冬小麦总

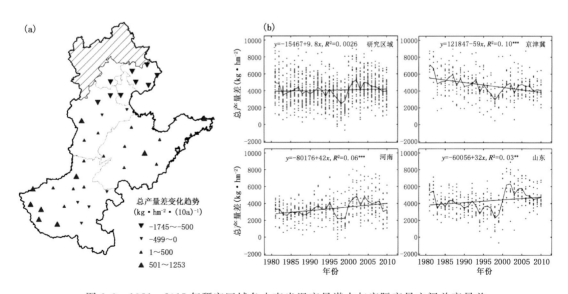

图 6.3　1981—2015 年研究区域冬小麦光温产量潜力与实际产量之间总产量差
变化趋势空间分布(a)及各地区总产量差变化趋势(b)

产量差呈显著增大趋势,其中河南省冬小麦总产量差增大较快,平均每 10 年增大 420 kg・hm^{-2},变化范围在－473～1253 kg・hm^{-2}・(10a)$^{-1}$;山东省冬小麦总产量差平均每 10 年增大 320 kg・hm^{-2},变化范围在 28～318 kg・hm^{-2}・(10a)$^{-1}$。综上,河南省和山东省冬小麦光温产量潜力的提高速率高于实际产量的提高速率,因此,冬小麦总产量差呈增大趋势,产量的可提升空间逐步增大。

6.1.2　光温产量潜力与光温水产量潜力之间产量差分布

光温产量潜力与光温水产量潜力之间的差值,简称为产量差 1(yield gap 1,YG1),主要由自然降水差异引起。在实际生产中可根据当地灌溉能力,优化灌溉时间和灌溉量,缩小产量差 1。

图 6.4 为 1981—2015 年研究区域冬小麦光温产量潜力与光温水产量潜力之间产量差(产量差 1)的空间分布及各地区的产量差 1。从图 6.4a 可以看出,研究区域冬小麦光温产量潜力与光温水产量潜力之间产量差 1 的平均值为 4053 kg・hm^{-2},研究区域内地区间差异较大,变化范围为 215～7120 kg・hm^{-2}。整体呈北部高、南部低的空间分布特征,高值区主要分布在河北省和山东省西部,该区域光温条件较好,由于降水量少,冬小麦光温水产量潜力较低,因此产量差 1 较大,均在 4000 kg・hm^{-2} 以上;低值区主要分布在河南省南部,该地区冬小麦生长季内降水较多,光温水产量潜力较高,因此产量差 1 较小。

进一步分析各地区冬小麦产量差 1(图 6.4b)可以看出,京津冀地区冬小麦光温产量潜力与光温水产量潜力之间的产量差最大,平均值为 6125 kg・hm^{-2},变化范围为 4514～7120 kg・hm^{-2};山东省次之,产量差 1 的平均值为 3524 kg・hm^{-2},变化范围为 215～5832 kg・hm^{-2};河南省最小,平均值为 2543 kg・hm^{-2},变化范围为 1087～4159 kg・hm^{-2}。产量差 1 占当地冬小麦光温产量潜力的百分比全区平均为 43%,京津冀地区、河南省、山东省分别为 55%、23% 和 31%。

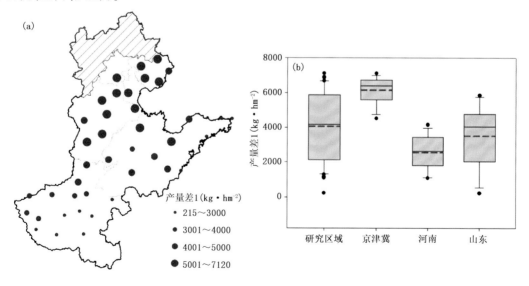

图 6.4　1981—2015 年研究区域冬小麦光温产量潜力与光温水产量潜力之间产量差 1 空间分布(a)及各地区产量差 1(b)

本书6.1.1节结果表明,近35年(1981—2015年)研究区域冬小麦总产量差占光温产量潜力的48%,其中产量差1占总产量差的43%,即总产量差中43%是由降水因素引起的,因此,如果扣除这43%以后,研究区域冬小麦产量可提升的空间为5%。

图6.5为1981—2015年冬小麦光温产量潜力与光温水产量潜力之间的产量差(产量差1)平均值的累积概率分布。由图可以看出,京津冀地区10%的站点冬小麦产量差1的平均值高于4744 kg·hm⁻²,10%的站点冬小麦产量差1低于7011 kg·hm⁻²,57%的站点冬小麦产量差1集中在6000~7000 kg·hm⁻²,各有14%的站点冬小麦产量差1分别集中在4500~5000和5500~6000 kg·hm⁻²;河南省10%的站点冬小麦产量差1的平均值高于1130 kg·hm⁻²,10%的站点冬小麦产量差1低于3980 kg·hm⁻²,各有40%的站点冬小麦产量差1分别集中在1000~2000和2500~3500 kg·hm⁻²;山东省10%的站点冬小麦产量差1的平均值高于536 kg·hm⁻²,10%的站点冬小麦产量差1低于5761 kg·hm⁻²,34%的站点冬小麦产量差1集中在4000~5000 kg·hm⁻²;研究区域10%的站点冬小麦产量差1的平均值高于1328 kg·hm⁻²,10%的站点冬小麦产量差1低于6671 kg·hm⁻²,30%的站点冬小麦产量差1集中在5500~7000 kg·hm⁻²。

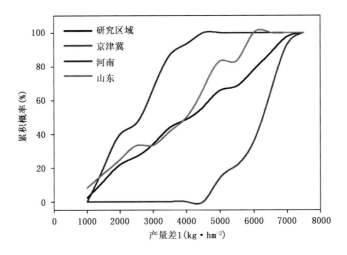

图6.5　研究区域冬小麦产量差1平均值累积概率分布

图6.6为研究区域冬小麦光温产量潜力与光温水产量潜力之间产量差(产量差1)变化趋势空间分布及各地区产量差1变化趋势。由图6.6a可见,过去35年(1981—2015年)冬小麦光温产量潜力与光温水产量潜力之间的产量差整体呈显著增大趋势,平均每10年增大650 kg·hm⁻²,变化范围在−558~1762 kg·hm⁻²·(10a)⁻¹,地区之间变化趋势差异较大。河北省北部和北京市冬小麦产量差1呈减小趋势,河北省南部、山东省和河南省产量差1呈增大趋势,其中河北省南部、山东省东部和河南省西部冬小麦产量差1增大较快,平均每10年增大500 kg·hm⁻²以上。

进一步分析各地区冬小麦产量差1变化趋势(图6.6b)可以看出,京津冀地区、河南省和山东省冬小麦光温产量潜力与光温水产量潜力之间的产量差1整体呈显著增大趋势,其中,河南省冬小麦产量差1增大速率最快,平均每10年增大900 kg·hm⁻²,变化范围在573~1762 kg·hm⁻²·(10a)⁻¹;山东省冬小麦产量差1变化次之,平均每10年增大875 kg·hm⁻²,变化范围在 82～1396 kg·hm^{-2}·（10a）$^{-1}$；京津冀地区冬小麦产量差 1 变化速率最小，平均每 10 年增大 173 kg·hm^{-2}，变化范围在－558～1194 kg·hm^{-2}·（10a）$^{-1}$。结果表明，研究区域冬小麦降水限制的产量差 1 随时间呈显著增大的趋势，表明降水限制的产量可提升空间逐步增大，研究区域在灌溉资源有限的前提下，需进一步优化灌溉时期和灌溉量，提高灌溉水利用效率，以增产稳产缩小产量差 1。

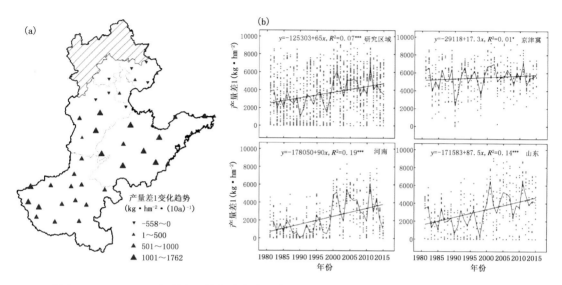

图 6.6　1981—2015 年研究区域冬小麦光温产量潜力与光温水产量潜力之间产量差 1 变化趋势空间分布（a）及各地区产量差 1 变化趋势（b）

6.1.3　光温产量潜力与光温土产量潜力之间产量差分布

光温产量潜力与光温土产量潜力之间的差值，简称为产量差 2（yield gap 2，YG2），主要由土壤因素引起。在实际生产中可以通过改善土壤理化特性，缩小产量差 2。

图 6.7 为 1981—2015 年研究区域冬小麦光温产量潜力与光温土产量潜力之间产量差（产量差 2）的空间分布及各地区产量差 2。从图 6.7a 中可以看出，研究区域冬小麦产量差 2 的平均值为 2952 kg·hm^{-2}，研究区域内地区间差异较大，变化范围为 2577～4536 kg·hm^{-2}。整体呈东北部偏高、西南部偏低的空间分布特征，高值区主要分布在河北省北部遵化—乐亭—秦皇岛—青龙一带及保定—黄骅一带和天津市，产量差 2 在 3300 kg·hm^{-2} 以上；低值区主要分布在河北省石家庄—邢台一带、河南省安阳—新乡一带及宝丰—西峡—南阳—驻马店—许昌一带，产量差 2 在 2650 kg·hm^{-2} 以下。

进一步分析各地区冬小麦产量差 2（图 6.7b）可以看出，京津冀地区冬小麦产量差 2 最大，平均值为 3427 kg·hm^{-2}，变化范围为 2610～4536 kg·hm^{-2}；山东省次之，平均值为 2767 kg·hm^{-2}，变化范围为 2658～2897 kg·hm^{-2}；河南省最小，平均值为 2658 kg·hm^{-2}，变化范围为 2577～2787 kg·hm^{-2}。产量差 2 占当地冬小麦光温产量潜力的百分比全区平均为 31%，京津冀地区、河南省、山东省分别为 31%、24% 和 25%。

本书 6.1.1 节结果表明，近 35 年（1981—2015 年）研究区域冬小麦总产量差占光温产量潜力的 48%,其中产量差 2 占总产量差的 31%,即总产量差中 31% 是由土壤因素引起的,因此,如果扣除这 31% 以后,研究区域冬小麦产量可提升的空间为 17%。

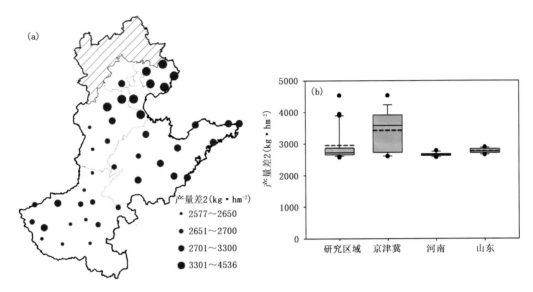

图 6.7　1981—2015 年研究区域冬小麦光温产量潜力与光温土产量潜力之间产量差 2 空间分布(a)及各地区产量差 2(b)

　　图 6.8 为 1981—2015 年冬小麦产量差 2 平均值的累积概率分布。由图可以看出,京津冀地区 10% 的站点冬小麦产量差 2 的平均值高于 2619 kg·hm^{-2},10% 的站点冬小麦产量差 2 低于 4243 kg·hm^{-2},22% 的站点冬小麦产量差 2 集中在 2650~2700 kg·hm^{-2};河南省 10% 的站点冬小麦产量差 2 的平均值高于 2585 kg·hm^{-2},10% 的站点冬小麦产量差 2 低于 2757 kg·hm^{-2},73% 的站点冬小麦产量差 2 集中在 2600~2700 kg·hm^{-2};山东省 10% 的站点冬小麦产量差 2 的平均值高于 2663 kg·hm^{-2},10% 的站点冬小麦产量差 2 低于 2881 kg·hm^{-2},25% 的站点冬小麦产量差 2 集中在 100~200 kg·hm^{-2},83% 的站点冬小麦产量

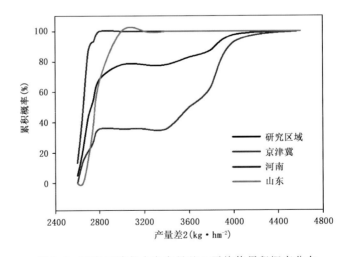

图 6.8　研究区域冬小麦产量差 2 平均值累积概率分布

差 2 集中在 2700～3000 kg·hm^{-2}；研究区域 10％的站点冬小麦产量差 2 的平均值高于 2613 kg·hm^{-2}，10％的站点冬小麦产量差 2 低于 3897 kg·hm^{-2}，39％的站点冬小麦产量差 2 集中在 2600～2700 kg·hm^{-2}。

图 6.9 为研究区域冬小麦产量差 2 变化趋势空间分布及各地区产量差 2 变化趋势。由图 6.9a 可见，过去 35 年(1981—2015 年)冬小麦光温产量潜力与光温土产量潜力之间的产量差整体呈显著减小趋势，平均每 10 年减小 98.1 kg·hm^{-2}，变化范围在 -551～157 kg·hm^{-2}·(10a)$^{-1}$，研究区域内地区间变化趋势差异较大。河北省北部和北京市、天津市冬小麦产量差 2 呈减小趋势，且河北省遵化—乐亭一带、保定—黄骅一带和天津市冬小麦产量差 2 减小趋势较明显，平均每 10 年减小 400～551 kg·hm^{-2}；河北省南部、山东省和河南省冬小麦产量差 2 呈增大趋势，平均每 10 年增大 0～157 kg·hm^{-2}。

进一步分析各地区冬小麦产量差 2 变化趋势(图 6.9b)可以看出，京津冀地区冬小麦产量差 2 呈显著减小趋势，平均每 10 年减小 502.4 kg·hm^{-2}，变化范围为 -551.1～129.9 kg·hm^{-2}·(10a)$^{-1}$。而河南省、山东省冬小麦产量差 2 整体均呈显著增大趋势，其中，山东省冬小麦产量差 2 增大速率最快，平均每 10 年增大 120.7 kg·hm^{-2}，变化范围为 98.7～144.1 kg·hm^{-2}·(10a)$^{-1}$；河南省冬小麦产量差 2 增大速率次之，平均每 10 年增大 104.3 kg·hm^{-2}，变化范围在 70.8～157.3 kg·hm^{-2}·(10a)$^{-1}$。结果表明，研究区域冬小麦土壤限制下的产量差 2 随时间呈显著减小的趋势，表明土壤限制下的产量可提升空间逐步变小，不同地区土壤限制下的产量差 2 随时间变化差异显著，京津冀地区冬小麦产量差 2 呈显著减小趋势，而河南省和山东省呈显著增大趋势。

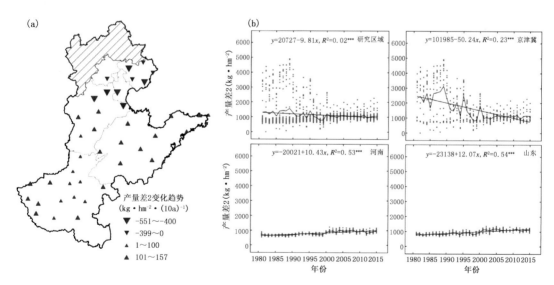

图 6.9　1981—2015 年研究区域冬小麦光温产量潜力与光温土产量潜力之间产量差 2 变化趋势空间分布(a)及各地区产量差 2 变化趋势(b)

6.1.4　光温土产量潜力与实际产量之间产量差分布

可获得产量是指作物在没有物理的、生物的或经济障碍，在最优栽培管理措施条件下可实现的最大产量,通常占产量潜力的70%～85%(van Ittersum et al.,2013)。因研究区域自然降水无法满足冬小麦生长季内的水分需求,需灌溉保证小麦的高产稳产。因此,本章将光温土产量潜力的80%与实际产量之间的差值称为产量差3(yield gap 3,YG3),产量差3主要由农户管理和农技水平引起。

图6.10为1981—2015年研究区域冬小麦产量差3的空间分布及各地区产量差3。从图6.10a中可以看出,研究区域冬小麦产量差3的平均值为1909 kg·hm⁻²,地区间差异较大,变化范围为701～4556 kg·hm⁻²,高值区主要分布在河北省黄骅、河南省孟津—卢氏—栾川一带及山东省海阳—威海一带和沂源,产量差3均在2600 kg·hm⁻²以上,低值区主要分布在河北省保定—石家庄一带、山东省兖州及河南省新乡和许昌—西华—南阳一带,产量差3在1000 kg·hm⁻²以下。

进一步分析各地区冬小麦产量差3(图6.10b)可以看出,山东省冬小麦产量差3最大,平均值为2083 kg·hm⁻²,变化范围为776～3449 kg·hm⁻²;京津冀地区次之,平均值为1933 kg·hm⁻²,变化范围为884～4556 kg·hm⁻²;河南省最小,平均值为1747 kg·hm⁻²,变化范围为701～3978 kg·hm⁻²。产量差3占当地冬小麦光温产量潜力的百分比全区平均为20%,京津冀地区、河南省、山东省分别为17%、18%和18%。

本书6.1.1节结果表明,近35年(1981—2015年)研究区域冬小麦总产量差占光温产量潜力的48%,其中产量差3占总产量差的20%,即总产量差中20%是由农户管理和农技水平引起的,因此,如果扣除这20%以后,研究区域冬小麦产量可提升的空间为28%。

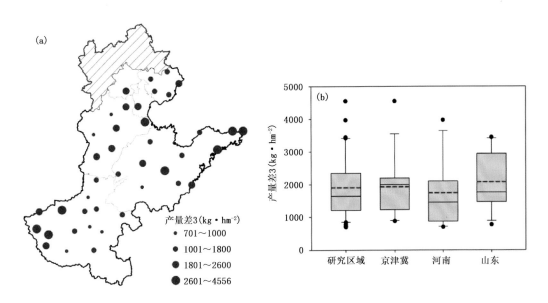

图6.10　1981—2015年研究区域冬小麦光温土产量潜力与实际产量之间产量差3空间分布(a)及各地区产量差3(b)

图6.11为1981—2015年冬小麦产量差3平均值的累积概率分布。由图可以看出,京津冀地区10%的站点冬小麦产量差3的平均值高于898 kg·hm⁻²,10%的站点冬小麦产量差3低于3553 kg·hm⁻²,36%的站点冬小麦产量差3集中在2000～2500 kg·hm⁻²,21%的站点冬小麦产量差3集中在1000～1500 kg·hm⁻²;河南省10%的站点冬小麦产量差3平均值高

于 716 kg·hm^{-2},10%的站点冬小麦产量差 3 低于 3646 kg·hm^{-2},33%的站点冬小麦产量差 3 集中在 1000~1500 kg·hm^{-2},各有 13%的站点冬小麦产量差 3 分别集中在 1500~2000 和 3000~3500 kg·hm^{-2};山东省 10%的站点冬小麦产量差 3 的平均值高于 894 kg·hm^{-2},10%的站点冬小麦产量差 3 低于 3422 kg·hm^{-2},33%的站点冬小麦产量差 3 集中在 1500~2000 kg·hm^{-2},各有 17%的站点冬小麦产量差 3 分别集中在 1000~1500、2500~3000 和 3000~3500 kg·hm^{-2};研究区域 10%的站点冬小麦产量差 3 的平均值高于 851 kg·hm^{-2},10%的站点冬小麦产量差 3 低于 3419 kg·hm^{-2},24%的站点冬小麦产量差 3 集中在 1000~1500 kg·hm^{-2},20%的站点冬小麦产量差 3 集中在 1500~2000 kg·hm^{-2}。

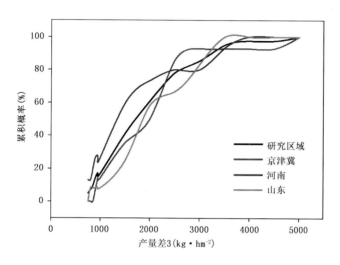

图 6.11　研究区域冬小麦产量差 3 平均值累积概率分布

图 6.12 为研究区域冬小麦产量差 3 变化趋势空间分布及各地区产量差 3 变化趋势。由图 6.12a 可见,过去 35 年(1981—2015 年)冬小麦光温土产量潜力与实际产量之间的产量差整体呈显著减小趋势,平均每 10 年减小 87.9 kg·hm^{-2},变化范围在-1207~844 kg·hm^{-2}·(10a)$^{-1}$,地区间变化趋势差异较大,其中,河北省北部青龙—乐亭—秦皇岛一带和霸州—饶阳一带、北京市、天津市及河南省商丘,冬小麦产量差 3 减小速率较快,平均每 10 年减小 400~1207 kg·hm^{-2};河北省石家庄、山东省莘县—兖州—沂源一带和威海、河南省西部冬小麦产量差 3 呈增大趋势,平均每 10 年增大 1~844 kg·hm^{-2}。

进一步分析各地区冬小麦产量差 3 变化趋势(图 6.12b)可以看出,研究区域和京津冀地区产量差 3 整体呈显著减小趋势,而河南省呈显著增大趋势,山东省变化趋势不显著。其中,京津冀地区冬小麦产量差 3 平均每 10 年减小 449.4 kg·hm^{-2},变化范围在-1207~368 kg·hm^{-2}·(10a)$^{-1}$;河南省冬小麦产量差 3 平均每 10 年增大 128.1 kg·hm^{-2},变化范围在-590~844 kg·hm^{-2}·(10a)$^{-1}$;山东省冬小麦产量差 3 变化趋势不显著,平均每 10 年减小 0.9 kg·hm^{-2},变化范围在-289~409 kg·hm^{-2}·(10a)$^{-1}$。结果表明,研究区域冬小麦农户管理和农技水平限制下的产量差 3 随时间呈显著减小的趋势,表明过去 35 年(1981—2015 年)农户管理和农技水平整体提高,该因素限制下的产量可提升空间逐步减小。

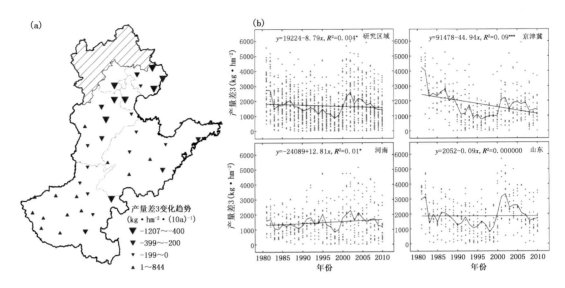

图 6.12　1981—2015 年研究区域冬小麦光温土产量潜力与实际产量之间产量差 3 变化趋势空间分布（a）及各地区产量差 3 变化趋势（b）

6.2　冬小麦产量限制因素解析

6.2.1　降水对冬小麦产量的限制

计算 1981—2015 年研究区域各站点冬小麦生长季内多年平均降水量，结合本书 5.4.3 节中冬小麦实际产量适宜性分区，分析明确研究区域内不同适宜性分区冬小麦生长季内降水量均值和稳定性，如图 6.13 所示。由图可以看出，冬小麦生长季内降水量均值随着实际产量适宜性的增大而降低，即最适宜区＜适宜区＜次适宜区＜低适宜区，冬小麦生长季内降水量变异系数随着实际产量适宜性的增大而增加，表现为最适宜区＞适宜区＝次适宜区＞低适宜区，其中各适宜性分区内降水量均值及变化范围如表 6.1 所示，由此可见，实际产量最适宜区冬小麦生长季内降水量相对最少且稳定性最差，低适宜区冬小麦生长季内降水量最多且稳定性最好。

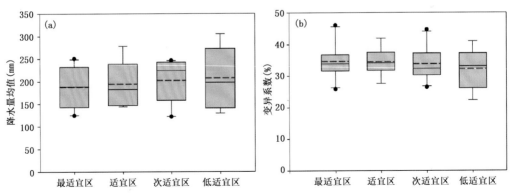

图 6.13　冬小麦实际产量不同适宜性分区内降水量均值（a）及变异系数（b）

表 6.1　1981—2015 年不同适宜性分区冬小麦生长季内降水量均值及变异系数

	项目	最适宜区	适宜区	次适宜区	低适宜区
降水量均值 （mm）	最低值	125	144	122	130
	最高值	251	278	246	306
	平均值	188	194	202	207
降水量变异系数 （%）	最低值	26	28	26	22
	最高值	46	42	45	41
	平均值	35	34	34	32

基于本书 5.4.3 节中实际产量适宜性分区结果，对比光温产量潜力与光温水产量潜力的差值（产量差 1），分析不同适宜性分区内降水对冬小麦光温水产量潜力的影响，如图 6.14 所示。由图可以看出，不同适宜性分区内降水对最适宜区内冬小麦光温水产量潜力影响最大，影响变化范围为 1158～6841 kg·hm^{-2}，平均为 4227 kg·hm^{-2}；其次为适宜区，影响程度变化范围为 1087～7120 kg·hm^{-2}，平均为 4200 kg·hm^{-2}；第三为次适宜区，影响程度变化范围为 215～6600 kg·hm^{-2}，平均为 4012 kg·hm^{-2}；降水对低适宜区冬小麦产量潜力影响最小，影响程度变化范围为 1978～6902 kg·hm^{-2}，平均为 3799 kg·hm^{-2}。对比研究区域冬小麦实际产量适宜性分区（见第 5 章图 5.21）与研究区域冬小麦生长季降水量空间分布（见第 3 章图 3.15）可以看出，最适宜区与降水量低值区耦合度较高而低适宜区与降水量高值区耦合度较高。因此得到结论，研究区域内降水量对最适宜区影响最大，对低适宜区影响最小。

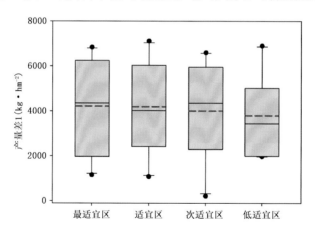

图 6.14　冬小麦实际产量不同适宜性分区内降水对冬小麦光温水产量潜力的影响

图 6.15 为冬小麦光温产量潜力与光温水产量潜力之差（产量差 1）与生长季内降水量和降水量变异系数相关关系。由图可见，研究区域内冬小麦产量差 1 与生长季内降水量和降水量变异系数显著相关（$p<0.001$ 和 $p<0.05$），即降水量越充足、降水量变异系数越小的区域，产量差 1 越小，降水的限制程度越小。

综上所述，研究区域实际产量最适宜区冬小麦生长季内降水量相对最少且稳定性最差，低适宜区冬小麦生长季内降水量最多且稳定性最好；研究区域内降水量对实际产量最适宜区影响最大，对低适宜区影响最小；降水量越充足、降水量变异系数越小的区域，冬小麦光温产量潜

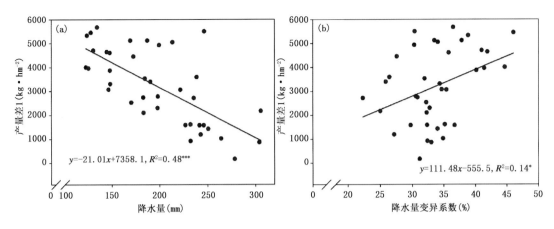

图 6.15　冬小麦光温产量潜力与光温水产量潜力之间产量差 1 与降水量（a）
和降水量变异系数（b）相关关系

力与光温水产量潜力之间产量差越小，降水的限制程度越小。综合本书第 1 章图 1.2a 中研究区域灌溉面积占各县耕地面积百分比空间分布可以看出，实际产量最适宜区与灌溉面积占比较大的区域高度吻合，如河北省乐亭、保定、石家庄，山东省兖州，以及河南省新乡等地，虽然该地区冬小麦生长季内降水量偏小（见第 3 章图 3.15），但灌溉基础设施好，保障了冬小麦高产稳产，适宜性较高；而实际产量低适宜区如河南省西部三门峡—卢氏—栾川—西峡一带，虽然冬小麦生长季内降水量较大（见第 3 章图 3.15），但灌溉面积占比较低（见第 1 章图 1.2a），适宜性较低。

6.2.2　土壤对冬小麦产量的限制

研究区域土壤类型主要有潮土、棕壤土等，土壤的物理和化学特性直接影响作物产量的高低及稳定性（吕贻忠 等，2006）。基于本书 5.4.3 节冬小麦实际产量适宜性分区研究结果，将当地实际土壤特性替换为该区域较适宜土壤后的光温土产量潜力与变化之前的光温土产量潜力对比，得到了土壤在不同适宜性分区内对冬小麦产量的限制。

根据收集的土壤资料，得到研究区域表层（0～10 cm）土壤容重、土壤 pH 值、萎蔫系数、田间持水量和土壤有机质的空间分布，如图 6.16 所示。研究区域内土壤容重变化范围为 $0.95～1.67\ \mathrm{g \cdot cm^{-3}}$，均值为 $1.30\ \mathrm{g \cdot cm^{-3}}$；土壤 pH 值变化范围为 5.2～8.7，均值为 7.6；萎蔫系数变化范围为 $0.10～0.40\ \mathrm{mm \cdot mm^{-1}}$，均值为 $0.19\ \mathrm{mm \cdot mm^{-1}}$；田间持水量变化范围为 $0.21～0.50\ \mathrm{mm \cdot mm^{-1}}$，均值为 $0.32\ \mathrm{mm \cdot mm^{-1}}$；土壤有机质变化范围为 0.34%～2.77%，均值为 0.72%。

基于本书 5.4.3 节实际产量适宜性分区结果，对比光温产量潜力与光温土产量潜力的差值（产量差 2），分析明确不同适宜性分区内土壤对冬小麦光温土产量潜力的影响，如图 6.17 所示。由图可以看出，不同适宜性分区内土壤对最适宜区内冬小麦光温土产量潜力影响最大，影响程度变化范围为 $2591～3942\ \mathrm{kg \cdot hm^{-2}}$，平均为 $3009\ \mathrm{kg \cdot hm^{-2}}$；其次为次适宜区，影响程度变化范围为 $2623～4536\ \mathrm{kg \cdot hm^{-2}}$，平均为 $2985\ \mathrm{kg \cdot hm^{-2}}$；第三为低适宜区，影响程度变化范围为 $2626～3671\ \mathrm{kg \cdot hm^{-2}}$，平均为 $2963\ \mathrm{kg \cdot hm^{-2}}$；土壤对适宜区冬小麦光温土产量潜力影响最小，影响程度变化范围为 $2577～3950\ \mathrm{kg \cdot hm^{-2}}$，平均为 $2849\ \mathrm{kg \cdot hm^{-2}}$。

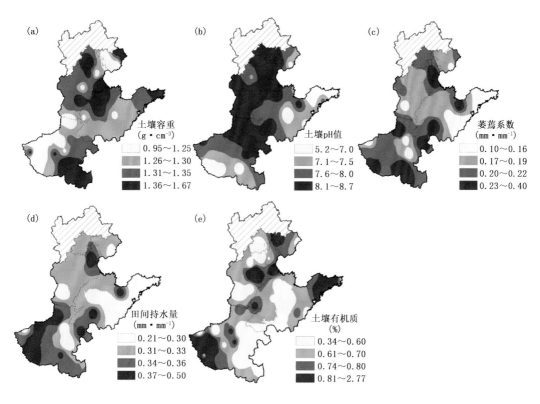

图 6.16 研究区域表层(0~10 cm)土壤理化特性空间分布

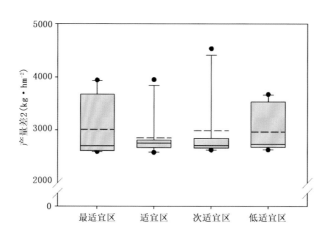

图 6.17 冬小麦实际产量不同适宜性分区内土壤对冬小麦光温土产量潜力的影响

　　研究中通过 R 软件中的"relweight"包,解析研究区域内表层(0~10 cm)土壤理化性质对多元回归总解释量,即冬小麦实际产量高稳系数的贡献,从而区分各理化性质对适宜性分区的相对影响,结果如图 6.18 所示。由图可以看出,研究区域内土壤表层田间持水量对冬小麦适宜性分区影响最大(44.9%),萎蔫系数次之(35.5%),土壤 pH 值对冬小麦适宜性分区影响最小(0.7%)。由此可见,土壤理化性质中田间持水量和萎蔫系数是研究区域内冬小麦实际产量适宜性分区的主要影响因素。田间持水量与萎蔫系数的差值为土壤有效水最大含量(吕贻忠等，2006），由表 6.2 中不同适宜分区表层土壤理化性质可以看出，实际产量最适宜区内土壤有效水最大含量最低，为 0.28－0.16＝0.12（mm·mm⁻¹），因此结论表明，土壤对实际产量最适宜区冬小麦光温土产量潜力影响最大。

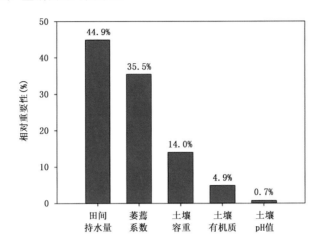

图 6.18　研究区域表层(0～10 cm)土壤理化性质对适宜性分区的相对影响

表 6.2　研究区域不同适宜性分区表层(0～10 cm)土壤理化性质

土壤理化性质	最适宜区	适宜区	次适宜区	低适宜区
土壤容重(g·cm⁻³)	1.33	1.27	1.27	1.32
萎蔫系数(mm·mm⁻¹)	0.16	0.17	0.19	0.22
田间持水量(mm·mm⁻¹)	0.28	0.30	0.32	0.36
土壤 pH 值	7.67	7.80	7.57	7.48
土壤有机质(%)	0.76	0.67	0.64	0.78

综上所述，研究区域冬小麦不同适宜性分区内土壤对实际产量最适宜区冬小麦光温土产量潜力影响最大，对适宜区冬小麦光温土产量潜力影响最小。表层各土壤理化性质中田间持水量和萎蔫系数是影响冬小麦实际产量适宜性分区的主要因素，其中最适宜区内田间持水量与萎蔫系数差值最小，即土壤有效水最大含量最低，使得土壤对实际产量最适宜区冬小麦光温土产量潜力影响最大，可通过优化水肥管理、改变耕作方式等改善土壤理化性质，提高冬小麦产量。

6.2.3　农户管理和农业技术水平对冬小麦实际产量的限制程度

基于本书 5.4.3 节实际产量适宜性分区的结果，对比光温土产量潜力的 80％与实际产量的差值（产量差 3），分析不同适宜性分区内农户管理和农业技术水平对冬小麦实际产量的影响，结果如图 6.19 所示。由图可以看出，农户管理和农业技术水平对冬小麦实际产量的影响在不同适宜性分区内差异较大，其中，低适宜区内对冬小麦实际产量影响最大，影响程度变化范围为 1634～4556 kg·hm⁻²，平均为 2960 kg·hm⁻²；其次为次适宜区，影响程度变化范围为 1165～3358 kg·hm⁻²，平均为 2007 kg·hm⁻²；第三为适宜区，影响程度变化范围为 1170～2930 kg·hm⁻²，平均为 1689 kg·hm⁻²；农户管理和农业技术水平对最适宜区冬小麦实际产量影响最小,影响程度变化范围为 701～1541 kg・hm^{-2},平均为 969 kg・hm^{-2}。

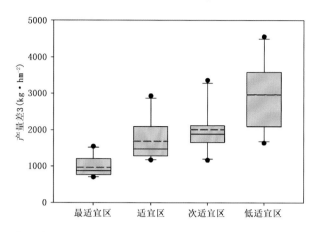

图 6.19　冬小麦实际产量不同适宜性分区内农户管理与农业技术水平对冬小麦产量的影响

　　综上所述,研究区域内农户管理与农业技术对冬小麦实际产量的影响随着适宜性的增大而降低,即对最适宜区影响最小,对低适宜区影响最大。适宜性较低的区域,在综合考虑市场因素及政策条件影响的前提下,可通过优化农户栽培管理及农业技术水平以提高冬小麦产量,包括品种选择、水肥投入等因素。

6.3　本章小结

　　基于 1981—2015 年气象数据和 1981—2010 年冬小麦实际产量数据,利用调参验证后的APSIM-Wheat 模型,结合 ArcGIS 和统计分析方法,明确了研究区域冬小麦光温产量潜力、光温水产量潜力、光温土产量潜力及其与实际产量之间的各级产量差的空间分布特征和时间演变趋势,在此基础上,基于实际产量不同适宜性分区,解析了降水、土壤、农户管理和农业技术水平对冬小麦产量的限制。

参 考 文 献

吕贻忠,李保国,2006. 土壤学[M]. 北京:中国农业出版社.

杨晓光,刘志娟,2014. 作物产量差研究进展[J]. 中国农业科学,47(4):2731-2741.

LI K N,YANG X G,LIU Z J,et al,2014. Low yield gap of winter wheat in the North China Plain [J]. European Journal of Agronomy,59:1-12.

SUN S,YANG X G,LIN X M,et al,2018. Winter wheat yield gaps and patterns in China [J]. Agronomy Journal,110:319-330.

VAN ITTERSUM M K,CASSMAN K G,GRASSINI P,et al,2013. Yield gap analysis with local to global relevance—a review [J]. Field Crops Research,143(1):4-17.

第7章　干旱和冻害演变特征及其对冬小麦产量影响

第3章研究结果表明,气候变化背景下研究区域冬小麦生长季内营养生长阶段和生殖生长阶段气温升高、积温增加,降水量变化趋势不明显,加之极端天气气候事件增加,气候变异性和波动性加剧,干旱和低温灾害仍是冬小麦的主要农业气象灾害,直接影响冬小麦生长发育和产量形成。本章利用过去35年(1981—2015年)气候资料和冬小麦生育期资料,基于第2章冬小麦干旱指标以及 APSIM-Wheat 模型,分析冬小麦各生育阶段干旱时间演变趋势和空间分布特征,定量分析不同等级干旱对冬小麦产量的影响程度;基于人工气候箱低温控制试验,构建冬小麦不同冬春性品种冻害指标,并利用农业气象观测资料和大田试验资料对该冻害指标进行订正和验证,利用订正和验证后的冻害指标,分析研究区域冬小麦不同冬春性品种冻害时空变化特征,同时利用人工气候箱低温处理试验定量了越冬期冻害对冬小麦产量的影响。

7.1　冬小麦生长季干旱时空分布特征

研究区域属于大陆季风性暖温带气候,降水时空分布不均,常年降水并不能满足冬小麦正常生长发育水分需求,导致冬小麦生长季内干旱频发(霍治国 等,2006;徐建文 等,2014;张存杰 等,2014;康西言 等,2018;朱玲玲 等,2018),直接影响冬小麦生长发育进程和产量形成(Abbasi et al.,2014),导致冬小麦减产(王素艳 等,2003;吕丽华 等,2007;徐建文 等,2015)。此外,干旱胁迫导致产量的下降程度不仅取决于干旱的严重程度,还取决于干旱发生的生育阶段(Yang et al.,2000;吴少辉 等,2002;房稳静 等,2006;吕丽华 等,2007;张建平 等,2012;Wu et al.,2014;黄健熙 等,2015)。因此,准确评估各生育阶段不同等级干旱对冬小麦单产和总产的影响程度,对冬小麦防旱减灾具有重要的理论意义和实际应用价值。

本节将冬小麦分为营养生长阶段(播种—越冬、返青—拔节)、营养生长向生殖生长过渡阶段(拔节—开花)和生殖生长阶段(开花—成熟),分析冬小麦各生育阶段内干旱时空特征。

7.1.1　干旱时间演变趋势

(1)干旱指数的年际变化趋势

利用本书2.6.1节干旱指标和计算方法,以研究区域内京津冀、河南和山东3个地区作为空间尺度,分析冬小麦各生育阶段干旱特征,将各地区所有站点作物水分亏缺指数的平均值作为该地区的代表值,比较分析各地区冬小麦生长季内不同生育阶段干旱的年际变化,结果如图7.1所示。图7.1a、图7.1c、图7.1e 和图7.1g 为4个生育阶段3个地区35年(1981—2015年)作物水分亏缺指数的箱式图,图7.1b、图7.1d、图7.1f 和图7.1h 为4个生育阶段3个地区 35 年作物水分亏缺指数的年代值和年际变化特征。

从作物水分亏缺指数的箱式图可以看出,研究区域 3 个地区冬小麦播种—越冬、返青—拔节、拔节—开花和开花—成熟 4 个生育阶段的作物水分亏缺指数,除拔节—开花生育阶段作物水分亏缺指数呈上升趋势外,其他生育阶段均呈下降趋势;特别是京津冀地区作物水分亏缺程度最重,河南作物水分亏缺程度最轻。

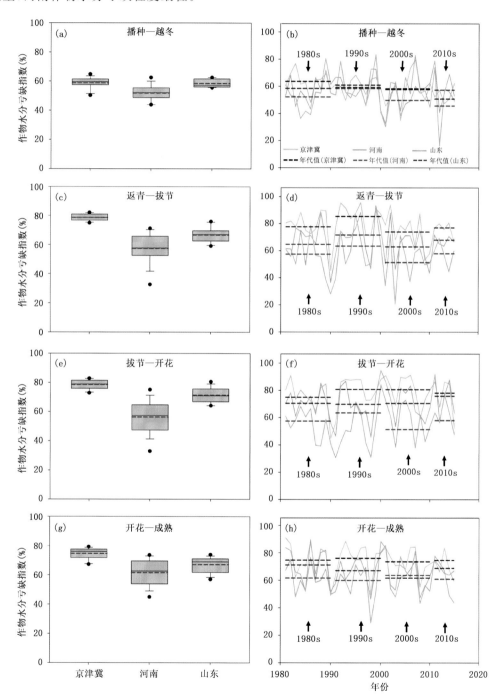

图 7.1　1981—2015 年各地区冬小麦不同生育阶段作物水分亏缺指数(a、c、e、g)及其年际变化(b、d、f、h)

由图 7.1b 可以看出,播种—越冬阶段,京津冀地区作物水分亏缺指数 35 年(1981—2015年)变化范围为 35%（2004 年）～79%（2007 年）,平均为 58%,气候倾向率为－3.75% · $(10a)^{-1}$;河南省变化范围为 16%（2012 年）～83%（1999 年）,平均为 53%,气候倾向率为－2.43% · $(10a)^{-1}$;山东省变化范围为 32%（2001 年）～83%（2007 年）,平均为 57%,气候倾向率为 0.04% · $(10a)^{-1}$。总体而言,京津冀地区和山东省变化较为平缓,河南省变化较为剧烈。

由图 7.1d 可以看出,返青—拔节阶段,京津冀地区作物水分亏缺指数 35 年(1981—2015年)变化范围为 45%（1990 年）～96%（1996 年）,平均为 79%,气候倾向率为－2.24% · $(10a)^{-1}$;河南省变化范围为 21%（2003 年）～92%（1999 年）,平均为 57%,气候倾向率为－1.51% · $(10a)^{-1}$;山东省变化范围为 36%（1990 年）～93%（1999 年）,平均为 69%,气候倾向率为 0.08% · $(10a)^{-1}$。总体而言,京津冀地区变化较为平缓,河南省和山东省变化较为剧烈。

由图 7.1f 可以看出,拔节—开花阶段,京津冀地区作物水分亏缺指数 35 年(1981—2015年)变化范围为 45%（1990 年）～91%（2006 年）,平均为 79%,气候倾向率为 0.54% · $(10a)^{-1}$;河南省变化范围为 31%（1991 年）～84%（2000 年）,平均为 53%,气候倾向率为 2.68% · $(10a)^{-1}$;山东省变化范围为 46%（1998 年）～95%（2000 年）,平均为 72%,气候倾向率为 1.05% · $(10a)^{-1}$。总体而言,京津冀地区变化较为平缓,河南省和山东省变化较为剧烈。

由图 7.1 h 可以看出,开花—成熟阶段,京津冀地区作物水分亏缺指数 35 年(1981—2015年)变化范围为 49%（1990 年）～91%（1981 年）,平均为 74%,气候倾向率为－0.83% · $(10a)^{-1}$;河南省变化范围为 29%（1998 年）～88%（2000 年）,平均为 61%,气候倾向率为－0.34% · $(10a)^{-1}$;山东省变化范围为 43%（2008 年）～90%（1986 年）,平均为 68%,气候倾向率为－2.14% · $(10a)^{-1}$。总体而言,京津冀地区变化较为平缓,河南省和山东省变化较为剧烈。

（2）各等级干旱年代变化特征

利用本书 2.6 节冬小麦作物水分亏缺指数(CWDI)的农业干旱指标分级标准,对研究区域各站点的作物水分亏缺指数进行干旱等级划分,得到各等级干旱的空间分布。图 7.2 为冬小麦播种—越冬、返青—拔节、拔节—开花和开花—成熟 4 个生育阶段各年代和 35 年平均的干旱等级空间分布,其中图 7.2e、图 7.2j、图 7.2o 和图 7.2 t 分别为 4 个生育阶段 35 年的平均值。从图中可以看出,重旱主要发生在冬小麦拔节—开花生育阶段,分布在河北省的饶阳—黄骅一带和天津;中旱主要发生在冬小麦返青—拔节、拔节—开花和开花—成熟 3 个生育阶段,主要分布在河北省、北京市、天津市以及山东省和河南省北部;轻旱主要发生在冬小麦返青—拔节、拔节—开花和开花—成熟 3 个生育阶段,主要分布在河南省南部,而播种—越冬生育阶段整个研究区域均以轻旱为主;无旱仅在冬小麦返青—拔节生育阶段内的河南省固始一带发生。从 4 个生育阶段冬小麦干旱等级的变化来看,播种—越冬生育阶段河北省、北京市、天津市、山东省北部及河南省新乡—开封—郑州一带干旱等级较其他 3 个阶段均有不同程度上升;返青—拔节生育阶段山东省南部的莒县—青岛—威海一带较拔节—开花生育阶段干旱下降了一个等级;在拔节—开花生育阶段河北省的饶阳—黄骅一带较其他 3 个阶段干旱等级均有不同程度上升;在开花—成熟生育阶段河南省的三门峡—宝丰—商丘一带较拔节—开花阶段干旱等级均下降了一个等级。

研究区域冬小麦 4 个生育阶段干旱等级的年代间变化总体不明显。播种—越冬生育阶段北京市、天津市和河北省的保定—黄骅—邢台一带年代间变化较为明显。其中,北京市、天津

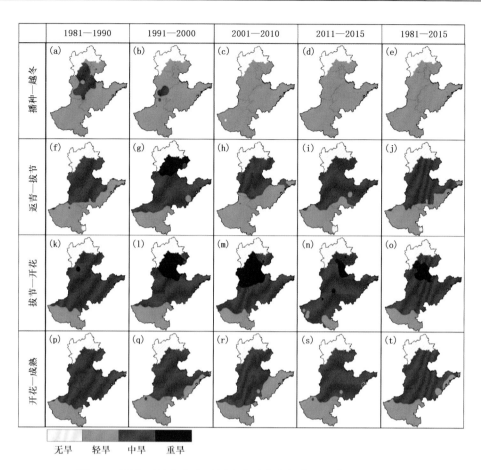

图 7.2　研究区域冬小麦不同生育阶段各年代干旱等级空间分布

市和河北省的保定—黄骅一带在 20 世纪 80 年代为中旱区,而在其他年代均表现为轻旱区;河北省的南宫—邢台一带在 21 世纪最初 10 年和第 2 个 10 年较其他年代由轻旱区变为重旱区。返青—拔节生育阶段北京市、天津市和河北省北部的保定—遵化—唐山—秦皇岛一带在 20 世纪 90 年代较其他年代干旱均升高一个等级,由中旱区变为了重旱区;河南省北部的安阳—新乡一带在 21 世纪最初 10 年较其他年代干旱均下降一个等级,由中旱区变为轻旱区。拔节—开花生育阶段河北省的石家庄—南宫—邢台一带在 21 世纪最初 10 年较其他年代干旱均升高一个等级,由中旱区变为了重旱区;河南省南部的南阳—西华一带在 21 世纪第 2 个 10 年较其他年代干旱升高两个等级,由轻旱区变为重旱区。开花—成熟生育阶段北京市、天津市和河北省冬小麦干旱等级的年代际没有明显变化。山东省东部的潍坊—沂源一带在 21 世纪最初 10 年较其他年代干旱均下降一个等级,由中旱区变为了轻旱区;河南省的商丘—西华一带在 20 世纪 80 年代和 21 世纪最初 10 年较其他两个年代干旱均升高一个等级,由轻旱区变为中旱区。

　　综合分析得出,研究区域冬小麦播种—越冬生育阶段干旱以轻旱为主,返青—拔节、拔节—开花和开花—成熟 3 个生育阶段干旱等级呈南北向的空间分布,由北到南分别为重旱区、中旱区和轻旱区以及无旱区,其中,重旱主要出现在 20 世纪 90 年代的冬小麦返青—拔节生育阶段,以及 20 世纪 90 年代和 21 世纪最初 10 年的冬小麦拔节—开花生育阶段;无旱仅在冬小麦返青—拔节生育阶段内的河南省固始一带发生,年代际干旱等级变化明显的区域主要分布在河北省北部和山东省东部地区。

7.1.2　干旱空间分布

　　根据本书 2.6.4 节干旱频率计算方法,计算了研究区域各站点不同等级干旱的发生频率,1981—2015 年研究区域冬小麦不同生育阶段各等级干旱发生频率如图 7.3 和表 7.1 所示。

　　由图 7.3 可以看出,同一生育阶段各等级干旱发生频率表现为:重旱在播种—越冬生育阶段发生频率较低,小于 5%,即 20 年 1 遇以下,而在其他 3 个生育阶段呈北高南低分布,高值区在北京市、天津市和河北省北部等地区,发生频率大于 66.7%,即 3 年 2 遇以上;中旱主要分布在山东省、河北省和河南省北部,发生频率大于 33.3%,即 10 年 3 遇以上,且随着冬小麦生育进程有加重趋势;轻旱在播种—越冬生育阶段发生频率较高,研究区域内发生频率均大于 33.3%,即 10 年 3 遇以上,而在其他 3 个生育阶段发生频率呈北低南高分布,高值区主要分布在河南省和山东省南部,发生频率大于 33.3%,即 10 年 3 遇以上。

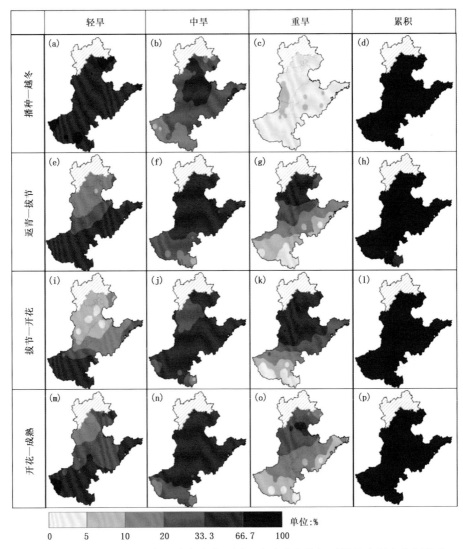

图 7.3　1981—2015 年研究区域冬小麦不同生育阶段各等级干旱发生频率空间分布

由表 7.1 可以看出,在播种—越冬生育阶段,轻旱发生频率平均为 61.7%,各站点发生频率均在 33.3% 以上,即 10 年 3 遇以上,而重旱发生频率平均为 2.3%,低于 5%,即在 20 年 1 遇以下;返青—拔节生育阶段,轻旱的发生频率降低为 34.2%,而中旱和重旱的发生频率升高,中旱发生频率平均为 39.3%,在 33.3% 以上,即 10 年 3 遇以上,重旱的发生频率平均为 19.5%,即 5 年 1 遇左右;拔节—开花阶段,轻旱的发生频率进一步降低为 22.3%,而中旱和重旱的发生频率进一步升高,且中旱的发生频率的高值区由河北省南部转移到了河南省,重旱的发生频率平均为 32.9%,即在 10 年 3 遇左右;到了开花—成熟阶段,轻旱的发生频率较上一生育阶段有所升高,平均为 37.3%,中旱发生频率小幅升高,平均为 43.1%,重旱发生频率则大幅降低,平均为 15.4%,即发生频率小于 20%,在 5 年 1 遇以下。

表 7.1　各地区冬小麦不同生育阶段各等级干旱发生频率　　　　　单位:%

生育阶段	京津冀			河南			山东		
	轻旱	中旱	重旱	轻旱	中旱	重旱	轻旱	中旱	重旱
播种—越冬	61.6	31.5	1.9	62.8	19.8	2.2	59.7	31.0	2.7
返青—拔节	15.1	46.5	38.2	47.5	28.7	8.11	39.3	43.9	13.1
拔节—开花	7.1	36.1	56.6	40.9	42.2	11.2	17.1	48.9	33.7
开花—成熟	23.6	49.6	26.6	49.8	34.8	9.5	36.2	48.2	11.0

综上,研究区域轻旱的发生频率随着生育进程呈降低趋势,在播种—越冬生育阶段发生频率最高;中旱的发生频率随着生育进程呈升高趋势,在开花—成熟生育阶段发生频率最大;重旱的发生频率随着生育进程呈先升高后降低趋势,在拔节—开花生育阶段最大。播种—越冬生育阶段主要以轻旱为主;返青—拔节生育阶段主要以轻旱和中旱为主;拔节—开花生育阶段主要以中旱和重旱为主;开花—成熟生育阶段主要以轻旱和中旱为主。

图 7.3d、图 7.3h、图 7.3l 和图 7.3p 为冬小麦不同生育阶段各等级干旱累计发生频率空间分布,由此可以看出,冬小麦不同生育阶段各等级干旱累计发生频率均在 66.7% 以上,即 3 年 2 遇以上。

比较 4 个生育阶段各地区干旱发生频率变化,可以看出,京津冀地区和山东省冬小麦各生育阶段干旱发生频率均在 90% 以上,即 10 年 9 遇以上,而河南省冬小麦生长发育中后期(拔节—开花和开花—成熟阶段)干旱发生频率高于前期(播种—越冬和返青—拔节)。

7.2　干旱对冬小麦产量影响

7.2.1　干旱对冬小麦产量影响的空间分布

本节利用调参验证后的 APSIM-Wheat 模型模拟干旱对冬小麦产量的影响(孙爽 等,2021)。模型使用"Irrigate on sw deficit"灌溉模块,即在作物某个特定的生育阶段内基于土壤水分亏缺程度进行自动灌溉,生长季干旱及不同生育阶段干旱的灌溉情景设置如表 7.2 所示。

为了解析干旱对冬小麦产量的影响,利用调参验证后的 APSIM-Wheat 模型模拟雨养(不灌溉)和充分灌溉条件下的冬小麦产量,灌溉情景设置如表 7.2 所示。除灌溉和不灌溉情景不同之外,其他参数均保持一致。其中,雨养条件下的产量表示冬小麦生育期内无灌溉,存在一定水分胁迫条件下的产量,充分灌溉条件下的产量代表冬小麦生长季内无水分胁迫条件下的产量,二者的差值反映干旱对冬小麦产量造成的损失程度。

表 7.2 APSIM-Wheat 模型模拟冬小麦生长季及不同生育阶段干旱的情景设置

生育阶段	生长季及不同生育阶段干旱的情景				对照
	播种—越冬	返青—拔节	拔节—开花	开花—成熟	
播种—越冬	不灌溉	充分灌溉	充分灌溉	充分灌溉	充分灌溉
返青—拔节	充分灌溉	不灌溉	充分灌溉	充分灌溉	充分灌溉
拔节—开花	充分灌溉	充分灌溉	不灌溉	充分灌溉	充分灌溉
开花—成熟	充分灌溉	充分灌溉	充分灌溉	不灌溉	充分灌溉
生长季	不灌溉	不灌溉	不灌溉	不灌溉	充分灌溉

图 7.4 为研究区域干旱对冬小麦产量影响空间分布及各地区干旱减产率。由图中可以看出,干旱导致冬小麦减产率平均为 38%。其中,京津冀地区干旱对冬小麦产量影响最大,减产率全区平均为 58%;河南省干旱对冬小麦产量影响最小,减产率全区平均为 23%;山东省干旱对冬小麦产量影响介于以上两者中间,减产率全区平均为 33%。干旱对产量影响最大的区域主要集中在河北省西北部的保定—饶阳—南宫一带和北京市大部分地区,减产率超过 60%;影响最小的区域主要集中在河南省南部和山东省东北部,减产率小于 20%。总体而言,干旱对研究区域冬小麦产量的影响呈北部较高、南部较低的趋势。

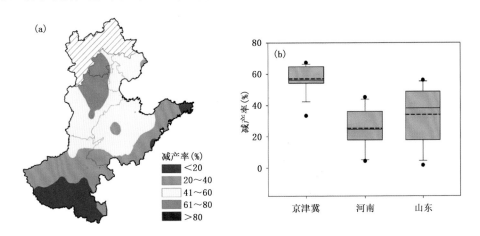

图 7.4 干旱对冬小麦产量影响空间分布(a)及各地区干旱减产率(b)

7.2.2 各生育阶段干旱对产量影响

利用表 7.2 中的灌溉情景分别模拟播种—越冬、返青—拔节、拔节—开花和开花—成熟 4 个生育阶段干旱对冬小麦产量的影响,模拟某一生育阶段干旱时除该生育阶段不灌溉外,其他生育阶段均充分灌溉,除水分供应外模型中其他参数保持一致,进而分离该生育阶段干旱对冬小麦产量的影响。

播种—越冬、返青—拔节、拔节—开花和开花—成熟 4 个生育阶段干旱对冬小麦产量的影响如图 7.5 所示。从图 7.5a 中可以看出,在播种—越冬阶段干旱对冬小麦产量影响较低,该生育阶段干旱导致研究区域的减产率平均为 9.7%,整体呈北高南低的分布特征,高值区主要集中在河北省西北部和北京市,减产率达到 20% 以上,低值区主要集中在河南省和山东省南部,减产率小于 10%。从图 7.5b 中可以看出,京津冀地区冬小麦的减产率最大,平均为 18.3%;河南省冬小麦的减产率最小,平均为 3.8%;山东省冬小麦的减产率平均为 6.8%。

从图 7.5c 中可以看出,返青—拔节阶段干旱对冬小麦产量影响也较低,该生育阶段干旱导致冬小麦减产率平均为 9.8%,整体呈北高南低的分布特征,高值区主要集中在河北省西北部和北京市,减产率达到 20% 以上,低值区主要集中在河南省和山东省南部,减产率小于 10%。从图 7.5d 中可以看出,京津冀地区冬小麦的减产率最大,平均为 18.6%;河南省冬小麦的减产率最小,平均为 3.7%;山东省冬小麦的减产率平均为 7.0%。

从图 7.5e 中可以看出,与前两个生育阶段相比,拔节—开花阶段干旱对冬小麦产量影响程度较大,该生育阶段干旱导致冬小麦减产率平均为 19.1%,整体呈北高南低的分布特征,高值区主要集中在河北省北部、北京市和天津市,减产率为 30.4%~40.4%;低值区主要集中在河南省南部,减产率小于 10.5%。从图 7.5f 中可以看出,京津冀地区冬小麦的减产率最大,平均为 31.3%;河南省冬小麦的减产率最小,平均为 10.2%;山东省冬小麦的减产率平均为 15.7%。

从图 7.5g 中可以看出,开花—成熟阶段干旱对冬小麦产量影响最大,该生育阶段干旱导致冬小麦减产率平均为 26.8%,整体呈北高南低的分布特征,高值区主要集中在河北省北部、北京市和天津市,减产率超过 40.4%,低值区主要集中在河南省南部,减产率小于 20.4%。从图 7.5h 中可以看出,京津冀地区冬小麦的减产率最大,平均为 41.4%;河南省冬小麦的减产率最小,平均为 15.4%;山东省冬小麦的减产率平均为 23.7%。

表 7.3 为研究区域冬小麦播种—越冬、返青—拔节、拔节—开花、开花—成熟和全生育期各减产区间的站次比。由此可以看出,4 个生育阶段各减产区间的站次比在不同减产区间呈不同趋势。从各生育阶段来看,播种—越冬和返青—拔节这两个生育阶段,随着减产率的增加,站次比呈降低的趋势,表明这两个阶段内干旱造成冬小麦产量损失程度在空间尺度上随着减产程度的增加呈缩小趋势;其中减产率在 0~10% 集中了全区 58.4% 的站点,减产率在 10%~20% 集中了全区 24.5% 的站点,减产率在 20%~30% 集中了全区 17.1% 的站点。在拔节—开花阶段,减产率在 0~10% 集中了全区 29.3% 的站点,减产率在 10%~20% 集中了全区 26.8% 的站点,减产率在 20%~30% 内集中了全区 19.5% 的站点,减产率在 30%~40% 集

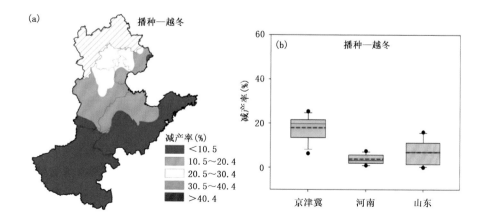

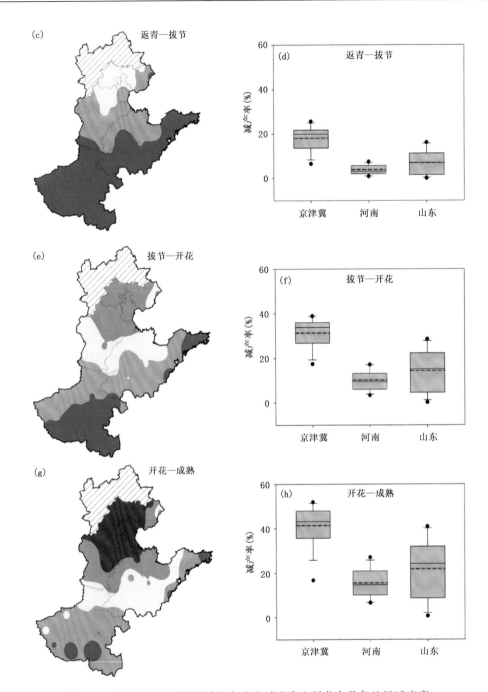

图 7.5　各生育阶段干旱导致的冬小麦减产率空间分布及各地区减产率

中了全区 24.4％的站点。在开花—成熟阶段,减产率在不同区间均有分布,主要集中在 10％～20％和 40％～50％,站次比分别为 24.4％和 22.0％。在全生育期,减产率也在各区间均有分布,且主要集中在减产率为 30％～40％和 50％～60％,站次比分别为 22.1％和 26.8％。总体而言,冬小麦生长发育前期大部分站点减产率集中在 10％以内,而随着冬小麦生长发育进程,最大减产率区间内的站次比比例增加,影响范围变大。

表 7.3　研究区域各生育阶段干旱造成冬小麦减产率不同区间的站次比　　　　单位：%

减产率	播种—越冬	返青—拔节	拔节—开花	开花—成熟	全生育期
0～10	58.4	58.4	29.3	17.1	9.8
10～20	24.5	24.5	26.8	24.4	12.1
20～30	17.1	17.1	19.5	17.1	7.2
30～40	—	—	24.4	14.6	22.1
40～50	—	—	—	22.0	9.8
50～60	—	—	—	4.9	26.8
60～70	—	—	—	—	12.2
合计	100.0	100.0	100.0	100.0	100.0

注："—"表示该区间无数据。

7.2.3　不同等级干旱对产量影响

本书 7.2.1 和 7.2.2 节从区域尺度上分析了研究区域各生育阶段干旱对冬小麦产量的影响，为了进一步明确不同等级干旱对冬小麦产量的影响，利用本书 2.6.1 节表 2.3 中的干旱指标分级标准，统计分析不同等级干旱在冬小麦 4 个生育阶段的发生特征及其对产量影响程度。

图 7.6 为冬小麦 4 个生育阶段各等级干旱对冬小麦产量的影响程度，可以看出，随着 4 个生育阶段干旱的加重，冬小麦减产率增大，其中随着拔节—开花和开花—成熟两个生育阶段干旱的加重减产率增大的趋势更明显。播种—越冬阶段轻旱、中旱和重旱导致的减产率分别为 8.1%、9.7% 和 15.3%；返青—拔节阶段轻旱、中旱和重旱导致的减产率分别为 8.4%、10.2%

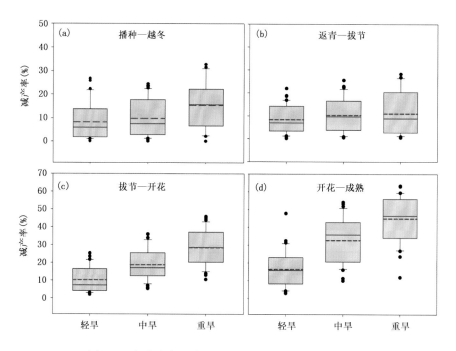

图 7.6　冬小麦各生育阶段不同等级干旱导致的减产率

和 11.2％；拔节—开花阶段轻旱、中旱和重旱导致的减产率分别为 10.3％、18.8％和 28.6％；开花—成熟阶段轻旱、中旱和重旱导致的减产率分别为 16.5％、32.8％和 44.9％。

图 7.7 为研究区域各地区冬小麦不同生育阶段各等级干旱对冬小麦产量的影响程度。由此可以看出，随着干旱加重对产量影响呈增大趋势，各生育阶段干旱均表现为京津冀地区冬小麦产量损失较大。播种—越冬生育阶段，各等级干旱对河南省和山东省冬小麦产量影响较小，对京津冀地区冬小麦产量影响较大，轻旱、中旱和重旱等级下的减产率平均值分别为 16.2％、18.3％和 19.4％；返青—拔节生育阶段，各等级干旱对河南省冬小麦产量影响较小，而对山东省和京津冀地区影响较大，其中山东省冬小麦轻旱、中旱和重旱等级下的减产率平均值分别为 6.8％、7.8％和 8.9％，京津冀地区冬小麦轻旱、中旱和重旱等级下的减产率平均值分别为 13.9％、17.2％和 20.8％；拔节—开花生育阶段，各等级干旱对京津冀地区冬小麦产量影响较大，轻旱、中旱和重旱等级下的减产率平均值分别为 17.1％、27.1％和 36.3％，对山东省和河南省影响较小；开花—成熟生育阶段，各地区该生育阶段干旱对冬小麦产量的影响均较大，且随着干旱加重减产程度大幅度增大，京津冀地区损失最重，重旱减产率达到 54.5％，轻旱的减产率超过 10％。总体而言，冬小麦中后期干旱的减产幅度较大，相同等级干旱对不同地区影响程度不同，主要是由于各地降水量差异造成的。

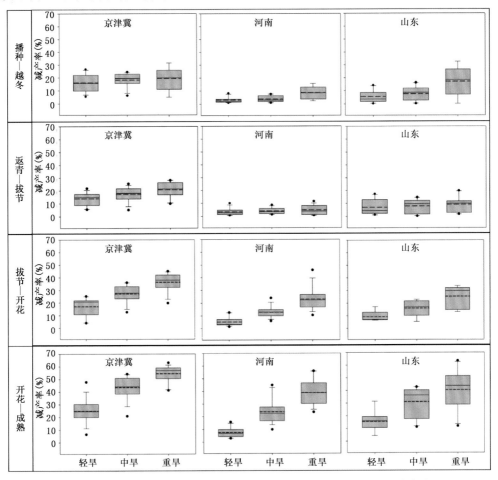

图 7.7　研究区域各地区冬小麦各生育阶段不同等级干旱导致的减产率

表 7.4 为各地区不同等级干旱发生的站次比,从一定程度上反映了干旱发生的影响范围。研究区域内除播种—越冬生育阶段外,其他 3 个生育阶段均表现为中旱的站次比最高,表明发生中旱的区域最大,播种—越冬生育阶段以轻旱发生的区域最大;除拔节—开花生育阶段外,其他 3 个生育阶段均表现为重旱发生的站次比最小,表明发生重旱的区域最小,拔节—开花生育阶段表现为轻旱的发生范围最小。京津冀地区播种—越冬生育阶段表现为轻旱的发生范围最大,而重旱的发生范围最小,其他 3 个生育阶段均表现为轻旱的发生范围最小,拔节—开花生育阶段表现为重旱的发生范围最大,在返青—拔节和开花—成熟生育阶段表现为中旱的发生范围最大。在河南省,除拔节—开花生育阶段表现为中旱的发生范围最大以外,其他 3 个生育阶段均表现为轻旱的发生范围最大,4 个生育阶段内均表现为重旱的发生范围最小。山东省除播种—越冬生育阶段内表现为轻旱的发生范围最大以外,其他 3 个生育阶段均表现为中旱的发生范围最大,除拔节—开花生育阶段表现为轻旱的发生范围最小以外,其他 3 个生育阶段均表现为重旱的发生范围最小。

从不同生育阶段来看,各个区域冬小麦播种—越冬生育阶段均表现为轻旱发生范围最大,重旱发生范围最小;返青—拔节生育阶段,在京津冀地区和山东省表现为中旱发生范围最大;在拔节—开花生育阶段,京津冀地区为重旱发生范围最大,河南省和山东省为中旱发生范围最大;开花—成熟生育阶段,京津冀地区和山东省表现为中旱发生范围最大,而河南省为轻旱发生范围最大。

表 7.4 各地区不同等级干旱站次比 单位:%

生育阶段	干旱等级	京津冀	河南	山东	研究区域
播种—越冬	轻旱	61.5	62.7	59.6	61.5
	中旱	31.4	19.6	31.1	27.0
	重旱	1.9	2.2	2.7	2.3
	合计	94.8	84.5	93.4	90.8
返青—拔节	轻旱	15.1	47.6	39.2	34.4
	中旱	46.4	28.6	43.8	39.1
	重旱	38.2	8.1	13.1	19.4
	合计	99.7	84.3	96.1	92.9
拔节—开花	轻旱	7.2	40.8	17.1	22.7
	中旱	36.0	42.3	48.8	42.2
	重旱	56.6	11.1	33.7	32.8
	合计	99.8	94.2	99.6	97.7
开花—成熟	轻旱	23.5	49.9	36.3	37.2
	中旱	49.7	34.7	48.1	43.7
	重旱	26.8	9.5	11.0	15.6
	合计	100	94.1	95.4	96.5

7.3　冬小麦越冬期冻害时空特征

7.3.1　冻害指标构建

为研究明确冬小麦不同冬春性品种越冬期抗冻能力及冻害指标,本章以强冬性(燕大1817 和京 411)、冬性(农大 211 和农大 5363)和半冬性(郑麦 366 和平安 8 号)冬小麦为试验材料,利用人工气候箱低温控制试验,在越冬期设置不同的低温强度对各冬春性品种进行低温处理,低温处理前后分别统计各品种基础苗数和存活数,得到不同低温处理下的植株死亡率,同时测定各处理分蘖节深度土壤温度。基于该试验数据,建立冬小麦不同冬春性品种植株死亡率与低温强度的定量关系,得到强冬性、冬性和半冬性品种冻害土壤温度指标,利用农业气象观测资料和大田试验资料对该指标进行订正和验证,并基于气温与土温的相关关系得到不同冬春性品种冻害的气温指标。

根据人工气候箱低温控制试验数据,建立强冬性、冬性和半冬性冬小麦植株死亡率与分蘖节深度土壤日最低温度的定量关系方程,如表 7.5 所示。强冬性、冬性和半冬性冬小麦植株死亡率与分蘖节深度土壤日最低温度的拟合关系均通过了显著性检验。

表 7.5　冬小麦不同冬春性品种植株死亡率与分蘖节深度土壤日最低温度的定量关系

品种特性	定量关系方程	决定系数 R^2
强冬性	$y=100/(1+\exp(0.69T+14.93))$	0.949**
冬性	$y=100/(1+\exp(0.63T+12.96))$	0.974**
半冬性	$y=100/(1+\exp(0.92T+16.61))$	0.884**

注:定量关系方程中 y 表示植株死亡率(%), T 表示分蘖节深度土壤日最低温度;** 表示关系极显著($p<0.01$)。

由表 7.5 中冬小麦越冬冻害植株死亡率与分蘖节深度土壤日最低温度的定量关系方程,得到植株死亡率分别为 1%、5%、10% 和 20% 时的分蘖节深度土壤日最低温度指标,如表 7.6所示。

表 7.6　冬小麦越冬期不同植株死亡率对应的分蘖节深度土壤日最低温度

品种特性	分蘖节深度土壤日最低温度(℃)			
	LT_1	LT_5	LT_{10}	LT_{20}
强冬性	−15.0	−17.4	−18.5	−19.6
冬性	−13.3	−15.9	−17.1	−18.4
半冬性	−13.1	−14.9	−15.7	−16.5

注:LT_1、LT_5、LT_{10} 和 LT_{20} 分别表示植株死亡率为 1%、5%、10% 和 20% 时的分蘖节深度土壤日最低温度。

在人工气候箱低温控制试验基础上,利用宁夏(为了增加大田试验订正和验证的样本量,加入了不属于研究区域的宁夏冬小麦越冬冻害的大田试验资料)、河北、山东和河南大田试验资料和气象资料,对人工控制试验得到的冬小麦不同冬春性品种越冬期冻害土壤日最低温度指标进行订正和验证。各地点分蘖节深度土壤日最低温度(宁夏为 3.0 cm 土壤日最低温度,河北、山东和河南为 2.5 cm 土壤日最低温度)利用 0、5、10、15 和 20 cm 土壤日最低温度(以08 时土壤温度代替)由拉格朗日插值法计算得到,插值公式如下:

$$T_3 = 0.1904T_0 + 1.1424T_5 - 0.4896T_{10} + 0.1904T_{15} - 0.0336T_{20} \qquad (7.1)$$

$$T_{2.5} = 0.2734T_0 + 1.0938T_5 - 0.5496T_{10} + 0.2188T_{15} - 0.0391T_{20} \qquad (7.2)$$

式中，T_0、$T_{2.5}$、T_3、T_5、T_{10}、T_{15}、T_{20} 分别为 0、2.5、3、5、10、15、20 cm 土壤日最低温度。

冬小麦冻害土壤温度指标订正资料为宁夏隆德和河北遵化越冬期分蘖节深度土壤日最低温度和各年份种植的冬小麦品种及植株死亡率，如表 7.7 所示。表中土壤日最低温度拟合值是根据表 7.5 中不同冬春性品种植株死亡率与分蘖节深度土壤日最低温度的定量关系式得到的各地点和不同年份小麦越冬死亡率对应的分蘖节深度土壤日最低温度。

表 7.7　冬小麦越冬期冻害极端最低温度指标订正资料

地点	年份	品种	品种特性	死亡率（%）	土壤日最低温度观测值（℃）	土壤日最低温度拟合值（℃）	ΔT_3（观测值－拟合值）（℃）
隆德	2010	宁冬 16	强冬性	8	−13.6	−18.1	4.5
隆德	2011	宁冬 16	强冬性	8	−17.4	−18.1	0.7
隆德	2014	宁冬 16	强冬性	11	−13.3	−18.6	5.4
隆德	2016	宁冬 16	强冬性	7	−19.2	−17.9	−1.3
遵化	1988	丰抗 7	冬性	9	−15.3	−17.0	1.6
遵化	1989	丰抗 7	冬性	2	−13.8	−14.1	0.4
遵化	1990	丰抗 8	冬性	15	−16.8	−17.8	1.0
遵化	1991	丰抗 8	冬性	12	−14.2	−17.4	3.3
遵化	1993	8866	冬性	6	−14.5	−16.2	1.7
遵化	1998	丰抗 8	冬性	3	−15.0	−15.1	0.0
遵化	2000	京东 8 号	冬性	9	−15.6	−16.9	1.3
遵化	2003	京东 10 号	冬性	11	−15.7	−17.3	1.6
遵化	2006	984-3	冬性	17	−16.0	−18.1	2.1
遵化	2007	轮选 987	冬性	7	−13.5	−16.5	3.0
遵化	2012	山农 17	半冬性	8.4	−14.2	−15.5	1.3
遵化	2012	石麦 19	半冬性	9.4	−14.2	−15.6	1.4
遵化	2012	衡 4399	半冬性	11.3	−14.2	−15.8	1.6
遵化	2012	宿 553	半冬性	12.6	−14.2	−15.9	1.7

注：表中死亡率为河北、宁夏农业气象观测资料和大田试验的植株死亡率记录。

由表 7.7 可知，同一品种相同植株死亡率下分蘖节深度土壤日最低温度拟合值低于观测值，表明由人工控制试验得到的越冬期冻害土壤日最低温度指标偏低。根据相同植株死亡率下土壤日最低温度观测值与土壤日最低温度拟合值的差异对指标进行订正。对于强冬性、冬性和半冬性品种，土壤日最低温度观测值与拟合值差异的平均值分别为 2.3、1.6 和 1.5 ℃，由此对冬小麦冻害植株死亡率与分蘖节深度土壤日最低温度的定量关系以及植株死亡率为 1%、5%、10% 和 20% 时的分蘖节深度土壤日最低温度指标进行订正，订正结果如表 7.8 和表 7.9 所示。

表7.8 订正后的冬小麦不同冬春性品种植株死亡率与分蘖节深度土壤最低温度的定量关系

品种特性	定量关系方程	决定系数 R^2
强冬性	$y=100/(1+\exp(0.69T+13.34))$	0.949**
冬性	$y=100/(1+\exp(0.63T+11.95))$	0.974**
半冬性	$y=100/(1+\exp(0.92T+15.23))$	0.884**

注:定量关系方程中 y 表示植株死亡率(%),T 表示分蘖节深度土壤日最低温度(℃)。

表7.9 订正后的冬小麦不同植株死亡率时的分蘖节深度土壤日最低温度

品种特性	分蘖节深度土壤日最低温度(℃)			
	LT_1	LT_5	LT_{10}	LT_{20}
强冬性	−12.7	−15.1	−16.2	−17.3
冬性	−11.7	−14.3	−15.5	−16.8
半冬性	−11.6	−13.4	−14.2	−15.0

注:LT_1、LT_5、LT_{10} 和 LT_{20} 分别表示植株死亡率为1%、5%、10%和20%时的分蘖节深度土壤日最低温度。

基于宁夏隆德,河北遵化、昌黎、黄骅和栾城,山东莒县,以及河南林州、永城、栾川和濮阳冬小麦越冬期资料,对订正后的强冬性、冬性和半冬性小麦冻害指标进行验证,验证资料见表7.10。由表7.10知,验证资料中冬小麦越冬期植株死亡率观测结果与指标计算结果的差异较小,大部分差异小于5%,均方根误差为5.2%。由表7.10也可以看出,当温度相同时,同一类型小麦不同品种之间植株死亡率也稍有差异。

表7.10 不同冬春性品种冻害土壤日最低温度指标验证

品种特性	地点	年份	品种	土壤日最低温度(℃)	死亡率观测值(%)	死亡率拟合值(%)
强冬性	宁夏隆德	2007	宁冬16	−14.2	3	2.8
	宁夏隆德	2009	宁冬16	−14.7	8	4.0
	宁夏隆德	2013	宁冬16	−13.7	5	2.0
冬性	河北黄骅	1983	科遗26	−11.3	0.8	0.8
	河北黄骅	1985	科遗26	−11.7	2.3	1.0
	河北黄骅	1990	小红芒	−14.7	5.3	6.5
	河北黄骅	2006	71321	−10.3	1.0	0.4
	河北栾城	1986	津丰一号	−10.5	0.8	0.5
	河北遵化	1986	丰抗7	−16.8	29.4	20.1
	河北遵化	1995	京东6号	−14.1	1	4.5
	河北遵化	2012	DH155	−14.2	4.7	4.7
	河北遵化	2012	石麦15	−14.2	7.1	4.7
	河北遵化	2012	济麦22	−14.2	7.8	4.7
	河北昌黎	2013	农大211	−10.7	0	0.5
	河北昌黎	2013	石优20	−10.7	0	0.5

品种特性	地点	年份	品种	土壤日最低温度 （℃）	死亡率观测值 （%）	死亡率拟合值 （%）
半冬性	河北遵化	2012	良星 99	−14.2	9.9	10.3
	河北遵化	2012	石新 811	−14.2	11.5	10.3
	河北遵化	2012	石麦 21	−14.2	13.2	10.3
	河北遵化	2012	石 4185	−14.2	16.5	10.3
	河北遵化	2012	石麦 18	−14.2	17.1	10.3
	河北遵化	2012	良星 619	−14.2	18.6	10.3
	河北遵化	2012	衡 6632	−14.2	15.7	10.3
	河北遵化	2012	冀 5265	−14.2	28	10.3
	河北昌黎	2013	冀 5265	−10.7	0	0.5
	河北昌黎	2013	石麦 18	−10.7	0	0.5
	山东莒县	1984	79-640	−5.8	0	0
	河南林州	2005	温麦 4 号	−6.2	0	0
	河南永城	2005	温麦 6 号	−2.2	0	0
	河南濮阳	2005	—	−3.1	0	0
	河南栾川	2005	—	−4.0	0	0

根据专家评价法，将植株死亡率 1%～5% 定为轻度冻害，5%～10% 为中度冻害，10%～20% 为重度冻害，20% 以上为严重冻害，各等级冻害指标如表 7.11 所示。

表 7.11　冬小麦不同等级冻害分蘖节深度土壤温度指标

品种特性	不同等级冻害分蘖节深度土壤温度（℃）			
	轻度	中度	重度	严重
强冬性	$-15.1 \leqslant T_s \leqslant -12.7$	$-16.2 \leqslant T_s < -15.1$	$-17.3 \leqslant T_s < -16.2$	$T_s < -17.3$
冬性	$-14.3 \leqslant T_s \leqslant -11.7$	$-15.5 \leqslant T_s < -14.3$	$-16.8 \leqslant T_s < -15.5$	$T_s < -16.8$
半冬性	$-13.4 \leqslant T_s \leqslant -11.6$	$-14.2 \leqslant T_s < -13.4$	$-15.0 \leqslant T_s < -14.2$	$T_s < -15.0$

注：T_s 为分蘖节深度土壤温度。

表 7.11 中冬小麦冻害土壤最低温度指标适用于经过抗寒锻炼，生长发育和土壤水分状况正常的麦田一次冻害过程，当发生多次冻害过程时以越冬期土壤最低温度为准。在实际生产中冬小麦冬前抗寒锻炼较差年份，或冬前旺苗、晚播弱苗、浅播苗等，或反复多次剧烈降温或变温，以及由于大风和干旱等不利条件的影响，实际发生冻害最低温度与该指标有差异，在进行农田冻害监测评估时还需要结合其他条件综合判断。

根据表 7.10 中验证资料和表 7.11 中冻害各等级指标，汇总计算各等级冻害样本数占总样本数的比例，见表 7.12。由表可知，指标结果与冻害观测结果符合的样本数占总样本数的80%，不符合的样本大部分为观测结果灾害程度比指标结果强一个等级。这与该样本冬小麦播种过浅、冬前苗情弱、抗寒锻炼差或土壤水分状况差有关。综上，指标结果与观测结果差异较小，验证结果较好，可以用作区域冻害分析。

表 7.12 冬小麦不同等级冻害土壤最低温度指标验证结果 单位:%

观测结果	指标结果				
	无冻害	轻度冻害	中度冻害	重度冻害	严重冻害
无冻害	36.7	0	0	0	0
轻度冻害	3.3	16.7	0	0	0
中度冻害	0	10	3.3	3.3	0
重度冻害	0	0	0	20	0
严重冻害	0	0	0	3.3	3.3

由于分蘖节深度土壤温度不易获取,而气象站均有观测的逐日气温资料,因此有必要确定冬小麦越冬期冻害极端最低气温指标。本节以河北省遵化为例,建立 2.5 cm 土壤最低温度与气温的相关关系,并利用该相关关系将冬小麦冻害土壤最低温度指标转换为最低气温指标。利用河北省遵化气象站记录的气温和土壤温度资料,选取 1981—2010 年 12 月 1 日至次年 2 月 28 日 0 ℃ 及其以下日最低气温及相应的 2.5 cm 深度土壤日最低温度,建立 2.5 cm 土壤日最低温度与日最低气温的关系式如下:

$$y = 0.80x - 0.61 \quad (R^2 = 0.738, n = 7181) \quad (7.3)$$

式中,y 为 2.5 cm 土壤日最低温度(℃);x 为日最低气温(℃)。在越冬期,日最低气温每降低 1.0 ℃,2.5 cm 土壤日最低温度降低 0.8 ℃。越冬期发生降温过程时,2.5 cm 土壤日最低温度下降幅度和降温速率小于日最低气温。在 −25~0 ℃ 温度范围内,日最低气温与 2.5 cm 土壤日最低温度平均相差 0~4 ℃。不同地区土壤温度与气温的定量关系存在差异,与当地的土壤质地、土壤墒情以及当日天气等有关。根据式(7.3)将表 7.11 中以 2.5 cm 土壤最低温度表示的冻害土壤最低温度指标转换为以最低气温表示,得到小麦冻害极端最低气温指标,如表 7.13 所示。

表 7.13 不同冬春性品种冻害最低气温指标

冬春性	不同冻害等级下的最低气温 T_a(℃)			
	轻度	中度	重度	严重
强冬性	$-18.1 \leqslant T_a \leqslant -15.1$	$-19.5 \leqslant T_a < -18.1$	$-20.9 \leqslant T_a < -19.5$	$T_a < -20.9$
冬性	$-17.1 \leqslant T_a \leqslant -13.9$	$-18.6 \leqslant T_a < -17.1$	$-20.2 \leqslant T_a < -18.6$	$T_a < -20.2$
半冬性	$-16.0 \leqslant T_a \leqslant -13.7$	$-17.0 \leqslant T_a < -16.0$	$-18.0 \leqslant T_a < -17.0$	$T_a < -18.0$

7.3.2 极端最低气温时空变化特征

图 7.8 为 1981—2015 年研究区域极端最低气温和气候倾向率的空间分布特征。1981—2015 年研究区域极端最低气温为 −20.5~−7.1 ℃,其中,河北省东部极端最低气温较低,青龙极端最低气温多年平均值低于 −18 ℃,遵化、唐山和乐亭等地极端最低气温多年平均值均低于 −16 ℃(图 7.8a)。北京市、天津市和河北省廊坊极端最低气温多年平均值为 −15.9~−14 ℃,河南省、河北省大部分地区和山东省大部分地区极端最低气温较高,多年平均值高于 −14 ℃,其中河南省、河北省西南部和山东省东部半岛地区极端最低气温高于 −12 ℃。如图 7.8b 所示,1981—2015 年研究区域极端最低气温总体呈升高趋势,大部分地区升温速率为 0.5~1.5 ℃·(10a)$^{-1}$。河北省极端最低气温升高趋势较明显,遵化和乐亭极端最低气温升高

速率大于1.5℃·(10a)$^{-1}$。山东省龙口地区极端最低气温升高速率大于1.5℃·(10a)$^{-1}$,其他大部分地区极端最低气温每10年升高0～1.5℃。河南省大部分地区极端最低气温升高速率为0～1.5℃·(10a)$^{-1}$,其中郑州和驻马店等地升温速率大于1.0℃·(10a)$^{-1}$。

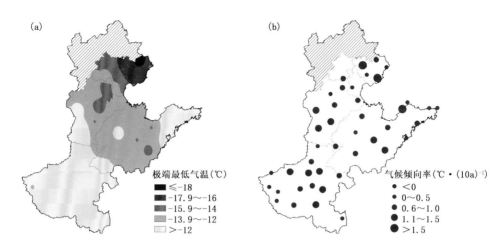

图7.8　1981—2015年研究区域极端最低气温(a)及其气候倾向率(b)的空间分布

7.3.3　不同冬春性品种冻害时空变化

在研究区域极端最低气温时空变化特征分析基础上,利用表7.13中不同冬春性品种冻害指标分析1981—2015年研究区域强冬性、冬性和半冬性小麦不同等级冻害频率空间分布特征和站次比时间变化趋势。1981—2015年研究区域强冬性、冬性和半冬性小麦不同等级冻害频率空间分布如图7.9所示。

由图7.9a研究区域强冬性小麦冻害频率可以看出,1981—2015年河北省东部地区冻害频率较高,高于50%,其中青龙中度及以上冻害频率之和高于80%,严重冻害频率高达37%,河北省其他地区冻害程度较低,以轻度冻害为主。河南省和山东省大部分地区以轻度冻害为主,且频率较低,其中河南省西峡和山东省青岛等地冻害发生频率为0。

由图7.9b研究区域冬性小麦冻害频率可以看出,1981—2015年河北省和山东省中部地区冻害频率较高,河北省东部地区中度及以上程度冻害频率之和高于50%,其中青龙和遵化等地严重冻害频率高于20%。河南省大部分地区和山东省沿海地区冻害频率低于10%,主要以轻度冻害为主,基本无重度冻害和严重冻害。山东省惠民、沂源和潍坊等地轻度冻害频率较高,高于40%。

由图7.9c研究区域半冬性小麦冻害频率可以看出,1981—2015年河北省和山东省中西部地区冻害频率较高,河北省青龙重度冻害和严重冻害频率之和高达90%,遵化和乐亭等地重度冻害和严重冻害频率之和高于30%。河南省和山东省大部分地区冻害频率低于20%,山东省莒县、沂源、潍坊和惠民等地冻害频率较高,高于40%,主要以轻度冻害为主。

图7.10为1981—2015年研究区域强冬性、冬性和半冬性小麦冻害站次比,可以反映不同程度冻害影响的区域范围。由图7.10a可见,强冬性小麦轻度冻害站次比较其他程度冻害站次比高,1986年等个别年份中度冻害站次比也较高,重度冻害和严重冻害站次比低于10%。冬性小麦冻害站次比高于强冬性小麦(图7.10b),主要是中度冻害和轻度冻害站次比高于强

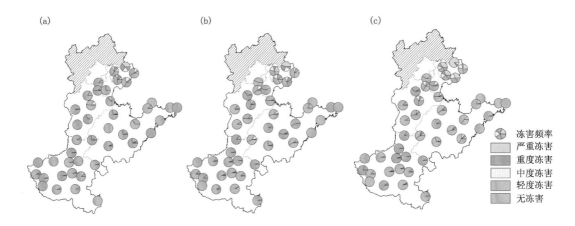

图 7.9　1981—2015 年研究区域不同冬春性品种冻害频率空间分布特征
(a)强冬性；(b)冬性；(c)半冬性

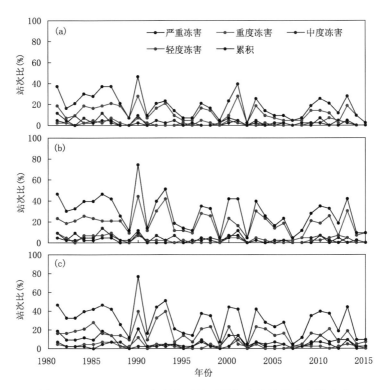

图 7.10　1981—2015 年研究区域不同冬春性品种冻害站次比
(a)强冬性；(b)冬性；(c)半冬性

冬性小麦,严重冻害和重度冻害站次比与强冬性小麦差别不大,均低于 10%。半冬性小麦严重冻害站次比高于强冬性和冬性小麦(图 7.10c),其中,1981 年、1986 年和 1990 年分别高达18.6%、18.6%和 20.9%,轻度冻害站次比较冬性品种有所下降。1981—2015 年研究区域强冬性、冬性和半冬性小麦冻害站次比总体呈波动下降趋势,20 世纪 80 年代站次比较高,2000年以后冻害站次比稍低,冻害站次比年际间波动较大。

7.4　冻害对冬小麦产量的影响

7.4.1　不同低温下低温持续日数对冬小麦产量形成的影响

冬小麦越冬期冻害影响产量构成要素进而影响产量。为研究冻害对冬小麦不同冬春性品种产量的影响,选取京 411(强冬性)、农大 211(冬性)、郑麦 366(半冬性)和偃展 4110(弱春性)共 4 个品种为试验材料开展人工气候箱低温控制试验,利用人工气候箱通过设置不同低温强度和低温持续日数研究越冬期冻害对不同冬春性品种产量构成要素和产量的影响(Zheng et al.,2018a,2018b)。每个品种设置两组温度处理,试验中人工气候箱温度设置模拟越冬期外界温度日变化过程,温度日变化过程中最高温度和最低温度的设置如表 7.14 所示,每个温度处理下设置不同的低温持续日数。

表 7.14　冬小麦不同冬春性品种温度处理

冬春性	品种	最低温度(℃)	最高温度(℃)
强冬性	京 411	−17	−8
		−14	−5
冬性	农大 211	−17	−8
		−14	−5
半冬性	郑麦 366	−16	−7
		−14	−5
弱春性	偃展 4110	−14	−5
		−11	−4

图 7.11 为不同低温处理下随低温持续日数增加,京 411、农大 211、郑麦 366 和偃展 4110 冬小麦每盆产量、穗数、穗粒数和千粒重的变化。由图可以看出,随低温持续日数增加,各品种产量均呈降低趋势。对于同一品种,温度越低,低温日数每增加 1 d 时产量降低越多。当最低温度为 −14 和 −17 ℃时,低温日数每增加 1 d,京 411 每盆产量分别降低 3.3% 和 8.4%,农大 211 每盆产量均降低 2.7%。当最低温度为 −14 和 −16 ℃时,低温日数每增加 1 d,郑麦 366 每盆产量分别降低 3.6% 和 5.1%。当最低温度为 −11 和 −14 ℃时,低温日数每增加 1 d,偃展 4110 每盆产量分别降低 1.2% 和 18.8%。对于不同品种,当温度为 −14 ℃时,低温日数每增加 1 d,偃展 4110 产量降低最多。这表明在相同低温条件下,弱春性品种的产量对低温日数的增加更敏感。

随低温持续日数增加,各品种每盆穗数均呈下降趋势,且穗数的降低幅度大于产量的降低幅度。当最低温度为 −14 和 −17 ℃时,低温日数每增加 1 d,京 411 穗数分别降低 4.4% 和 21.6%,农大 211 穗数分别降低 4.3% 和 11.5%。当温度为 −14 和 −16 ℃时,低温日数每增加 1 d,郑麦 366 的穗数分别降低 2.9% 和 19.8%。当温度为 −11 和 −14 ℃时,低温日数每增加 1 d,偃展 4110 穗数分别降低 7.0% 和 19.9%。由图 7.11 可以看出,对于同一品种,温度越低,低温日数每增加 1 d 时穗数降低越多。在同一温度处理下,低温持续日数每增加 1 d,不同品种穗数降低幅度存在差异。在本书中,当温度为 −14 ℃时,低温日数每增加 1 d,偃展 4110 穗数的降低幅度高于京 411、农大 211 和郑麦 366。

越冬期冻害对穗粒数和千粒重的直接影响较小,主要是通过影响穗数而间接影响穗粒数和千粒重。随低温日数增加,穗粒数总体呈增加趋势,可能原因是穗数降低导致的,但穗粒数的增加幅度小于穗数的降低幅度。由此可见,随低温日数增加和穗数降低,穗粒数的增加对产量有一定的补偿作用,但并不能抵消穗数降低带来的减产效应。当温度为－14 ℃时,低温持续日数每增加 1 d,京 411 穗粒数降低 1.1%;当温度为－17 ℃时,低温持续日数每增加 1 d,京 411 穗粒数增加 8.3%。当温度为－14 和－17 ℃时,低温持续日数每增加 1 d,农大 211 穗粒数分别增加 4.4%和 2.8%。当温度为－14 和－16 ℃时,低温日数每增加 1 d,郑麦 366 穗粒数分别增加 2.2%和 5.3%。当温度为－11 和－14 ℃时,低温日数每增加 1 d,偃展 4110 穗粒数分别增加 2.2%和 16.1%。在各个品种试验处理的温度和低温日数范围内,温度越低,随低温日数增加,穗粒数的增加幅度更大,这与较低温度下穗数的降低幅度大有关。郑维等(1989)研究表明,当小麦越冬期发生冻害导致植株死亡时,亩穗数降低,存活植株的穗粒数增加,且冻害越严重时,亩穗数降低越多,存活植株的穗粒数增加越多。本研究结果与已有研究结果基本一致。当农田中小麦越冬期发生冻害导致部分植株和分蘖死亡时,农田单位面积穗数降低,但仍可在影响穗粒数的关键时期通过灌溉、施肥等措施提高穗粒数,进而弥补部分产量损失。不同品种和不同温度下千粒重的变化无一致规律,其变化与穗数和穗粒数的变化幅度以及受冻害程度有关。

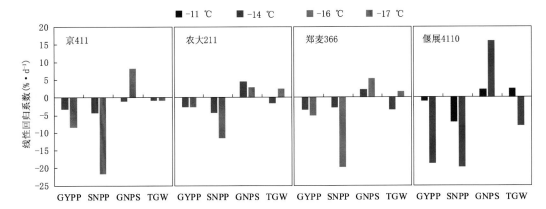

图 7.11　不同品种低温日数与冬小麦每盆产量、穗数、穗粒数和千粒重的回归分析
(GYPP、SNPP、GNPS、TGW 分别表示产量、穗数、穗粒数和千粒重,线性回归系数表示低温持续日数每增加 1 d 时产量、穗数、穗粒数和千粒重的变化(%),正值表示增加,负值表示降低)

不同低温下各品种产量构成要素变化对产量变化的贡献率如表 7.15 所示。总体上,每盆粒数变化对产量变化的贡献高于千粒重,即冬小麦越冬期发生冻害后产量的变化主要是由于粒数的变化导致的。当最低温度为－14 和－17 ℃时,京 411 粒数变化对产量变化的贡献分别为 86.7%和 93.6%,穗数变化对产量变化的贡献分别为 76.6%和 32.6%。当最低温度为－14 和－17 ℃时,农大 211 粒数变化对产量变化的贡献分别为 84.8%和 54.9%,穗数变化对产量变化的贡献分别为 64.5%和 47.0%。当最低温度为－14 和－16 ℃时,郑麦 366 粒数变化对产量变化的贡献分别为 52.5%和 96.8%,穗数变化对产量变化的贡献分别为 32.4%和 79.4%。当最低温度为－11 和－14 ℃时,偃展 4110 粒数变化对产量变化的贡献分别为 41.1%和 97.8%,穗数变化对产量变化的贡献分别为 69.3%和 95.8%。在农田中,当冬小麦越冬期发生冻害后,单位面积产量的变化主要受单位面积穗数和穗粒数的综合影响。

表 7.15　低温处理后冬小麦产量构成要素对产量变化的贡献率

品种	处理温度 (℃)	不同产量构成要素对产量变化的贡献率(%)				
		每盆穗数	穗粒数	千粒重	每盆粒数	千粒重
京 411	−17	32.6	51.8	12.5	93.6	5.8
	−14	76.6	8.8	12.8	86.7	12.8
农大 211	−17	47.0	7.6	4.3	54.9	28.2
	−14	64.5	24.2	11.1	84.8	14.9
郑麦 366	−16	79.4	19.4	0.7	96.8	0.4
	−14	32.4	32.9	31.8	52.5	46.5
偃展 4110	−14	95.8	0.1	4.1	97.8	2.1
	−11	69.3	3.9	26.1	41.1	58.7

7.4.2　小麦越冬期植株和分蘖死亡率对穗数的影响

由图 7.11 可以看出,冬小麦越冬期冻害对产量的影响主要是穗数降低导致的,而穗数降低主要与植株和分蘖死亡有关,因此本节分析各品种植株和分蘖死亡率对每盆穗数的相对影响程度(与对照的比值),如图 7.12 所示。对于同一品种,植株死亡导致的每盆穗数降低幅度更大,实际生产中冻害发生导致部分植株死亡时对农田总穗数的影响更大。植株和分蘖死亡率每增加 10%,京 411 穗数分别降低 10% 和 11%,农大 211 穗数分别降低 14% 和 17%,郑麦

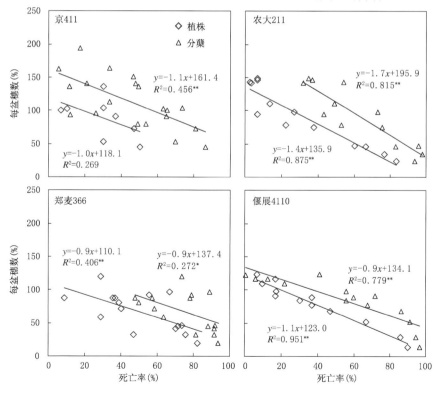

图 7.12　各品种植株和分蘖死亡率对每盆穗数的相对影响

366 穗数均降低 9%,偃展 4110 穗数分别降低 11% 和 9%。农大 211 植株和分蘖死亡率增加对穗数的影响大于京 411、郑麦 366 和偃展 4110。小麦越冬期发生冻害植株冻伤和部分分蘖死亡后,存活的部分分蘖仍可成穗,可通过春后施肥和灌溉措施等提高分蘖成穗率。

7.5 本章小结

利用研究区域 1981—2015 年气象、土壤以及作物资料,结合干旱和冻害指标,分别利用农业生产系统模型(APSIM-Wheat)、人工气候箱低温控制试验和大田试验的方法,分析了冬小麦各生育阶段干旱和不同冬春性品种冻害的时间演变趋势及空间分布特征,定量分析了不同等级干旱和冻害对冬小麦产量的影响程度。

参 考 文 献

房稳静,张雪芬,郑有飞,2006. 冬小麦灌浆期干旱对灌浆速率的影响[J]. 中国农业气象,27(2):98-101.

黄健熙,张洁,刘峻明,等,2015. 基于遥感 DSI 指数的干旱与冬小麦产量相关性分析[J]. 农业机械学报,46(3):166-173.

霍治国,姜艳,2006. 基于灌溉的北方冬小麦水分供需风险研究[J]. 农业工程学报,22(11):79-84.

康西言,李春强,杨荣芳,2018. 河北省冬小麦生育期干旱特征及成因分析[J]. 干旱地区农业研究,36(3):210-217.

吕丽华,胡玉昆,李雁鸣,等,2007. 灌水方式对不同小麦品种水分利用效率和产量的影响[J]. 麦类作物学报,27:88-92.

孙爽,杨晓光,张镇涛,等,2021. 华北平原不同等级干旱对冬小麦产量的影响[J]. 农业工程学报,37(14):69-78.

王素艳,霍治国,李世奎,等,2003. 干旱对北方冬小麦产量影响的风险评估[J]. 自然灾害学报,12(3):118-125.

吴少辉,高海涛,王书子,等,2002. 干旱对冬小麦粒重形成的影响及灌浆特性分析[J]. 干旱地区农业研究,20(2):50-52.

徐建文,居辉,刘勤,等,2014. 黄淮海平原干旱变化特征及其对气候变化的响应[J]. 生态学报,34(2):460-470.

徐建文,居辉,梅旭荣,等,2015. 近 30 年黄淮海平原干旱对冬小麦产量的潜在影响模拟[J]. 农业工程学报,31(6):150-158.

张存杰,王胜,宋艳玲,等,2014. 我国北方地区冬小麦干旱灾害风险评估[J]. 干旱气象,32(6):883-893.

张建平,赵艳霞,王春乙,等,2012. 不同发育期干旱对冬小麦灌溉和产量影响的模拟[J]. 中国生态农业学报,20(9):1158-1165.

郑维,王佩芝,朱明大,1989. 小麦越冬冻害的后效及分级[J]. 新疆气象(7):29-34.

朱玲玲,张竟竟,李治国,等. 2018. 基于 SPI 的河南省冬小麦生育期干旱时空变化特征分析[J]. 灌溉排水学报,37(5):51-58.

ABBASI A R,SARVESTANI R,MOHAMMADI B,et al,2014. Drought stress-induced changes at physiological and biochemical levels in some common vetch (*Vicia sativa* L.) genotypes [J]. Journal of Agricultural Science and Technology,16(3):505-516.

WU Y L,GUO Q F,LUO Y,et al,2014. Differences in physiological characteristics between two wheat cultivars exposed to field water deficit conditions [J]. Russian Journal of Plant Physiology,61(4):451-459.

YANG J,ZHANG J,HUANG Z,et al,2000. Remobilization of carbon reserves is improved by controlled soil-drying during grain filling of wheat [J]. Crop Science,40(6):1645-1655.

ZHENG D X,YANG X G,MÍNGUEZ M I,et al,2018a. Effect of freezing temperature and duration on winter survival and grain yield of winter wheat [J]. Agricultural and Forest Meteorology,260-261:1-8.

ZHENG D X,YANG X G,MÍNGUEZ M I,et al,2018b. Tolerance of different winter wheat cultivars to prolonged freezing injury at their critical temperatures [J]. Crop Science,58:1740-1750.

第8章 华北冬小麦科学应对气候变化策略

伴随着全球温室气体浓度和地表平均温度持续升高,极端天气气候事件频发,气候变化已成为21世纪最重要的环境问题,并对各行业产生影响,特别是对农业影响巨大。

华北作为我国冬小麦重要的生产基地,区域小麦产量长期保持在全国小麦总产量的50%以上。气候变化背景下,华北农业气候资源发生了明显变化,总体呈暖干化趋势(杨晓光 等,2011)。气候变暖导致华北冬小麦种植北界北移,冬小麦可种植面积增加。而由于气候变化空间差异和季节不对称,导致华北极端天气气候事件增多,冬小麦生长季干旱和低温灾害频繁发生,直接影响冬小麦生长发育进程和产量形成,对冬小麦生产造成不利影响。与此同时,华北冬小麦的品种类型、种植结构和生产水平等均发生了显著变化,加之政策、环境、市场需求和劳动力资源等变化,应对气候变化任务更加艰巨。此外,因现阶段不合理种植方式导致华北面临温室气体排放增加、水体富营养化、土壤酸化和活性氮沉降等一系列问题,增加冬小麦生产适应气候变化难度(Zheng et al.,2004;张福锁 等,2008;Guo et al.,2010)。

由此可见,当前应对气候变化要在适应气候变化、提高产量的同时,达到减排增效、绿色发展目标。本章在第3~7章明确了气候变化和农业气象灾害对华北冬小麦生产影响基础上,综合冬小麦生产的减排增效,提出华北冬小麦科学应对气候变化策略。

8.1 种植制度调整与品种合理布局

气候变化导致农业气候资源变化,为农业生产带来了机遇和挑战。冬小麦—夏玉米一年两熟是华北主体种植制度,也是区域提高单位面积周年粮食产量、发展集约化农业、确保粮食安全的主要种植模式。华北种植制度主要受热量资源和极端最低气温限制,自然降水多少和灌溉能力成为可持续生产的重要保障。本书第3章研究结果表明,气候变化背景下华北热量资源显著增加,冬小麦可种植北界在河北省北部向北推移50 km,冬性弱且产量潜力较高的小麦品种可种植北界也不断地向北推移。冬麦种植北界北移表明华北北部热量资源基本满足冬小麦种植,复种指数提高的潜力进一步增加,加之产量潜力大的冬性和半冬性小麦品种可种植区域扩大,进一步挖掘提升华北冬小麦播种面积和产量潜力的可能性大幅度增加。

本书第1章华北的农业生产现状分析显示,华北冬小麦生产主要依靠地下水灌溉,过去华北地下水过量开采,地下水位不断下降,水资源短缺已成为华北农业可持续发展的主要限制因素。加之气候变暖背景下降水波动性和不确定性增加,水资源对华北冬小麦种植面积稳定、复种指数提高的制约程度越来越高。基于区域实际的灌溉能力,综合考虑产量潜力、水分利用效率和社会经济因素等,成为华北种植制度调整适应气候变化的重要基础。由于冬春性品种选择不合理,冬小麦实际生产中越冬期冻害时有发生,直接影响冬小麦高产稳产。因此,本书第

5 章综合考虑气候变化对冬小麦各级产量潜力高产性和稳产性影响，进行冬小麦种植适宜性分区，以及第 7 章干旱和冻害变化特征，对冬小麦种植区域调整、生产力的进一步提升和保障国家粮食安全具有重要意义。

8.2　气候智慧型农田管理措施

气候智慧型农业是指可持续提高农业效率、增强适应性、减少温室气体排放，并可保障国家粮食安全的农业生产和发展模式(FAO，2013)。气候智慧型农业的发展模式旨在持续增产增效的同时，增强农业应对气候变化的能力，并减少温室气体的排放，实现增产、抗逆和减排的农业可持续发展新途径(Acevedo et al.，2020)。因此，在气候智慧型农业发展理念的指导下，针对气候变化背景下华北冬小麦生产过程中的新问题，以实现冬小麦生产的净零排放为目标，采取碳中和行动，发展气候智慧型小麦生产模式，是华北冬小麦科学应对气候变化的重要方面。

低碳生产方式是当前农业实现向净零碳排放过渡的主要途径，包括改善粪肥管理、改进耕作方式以及减少农业机械碳足迹等，在提高生产力的同时，减少温室气体排放。本书第 6 章研究结果表明，通过改善农户管理及农技水平冬小麦产量可提升 2083 kg・hm^{-2}。与传统的耕作措施相比，在冬小麦收获至夏玉米播种之间采取免耕措施可以节约 10～15 d 的农时，且降低秸秆焚烧带来的不利影响，延长作物生长期，增加土壤有机碳含量，同时可以减少 40% 的土壤蒸发，提高 10%～15% 的水分利用效率，在同样产量水平下可以节约 40～60 mm 的灌溉水，有效地缓解气候变化影响和地下水位下降等问题(张海林 等，2002;Zhang et al.，2015b)。

针对气候变化背景下华北水资源短缺的问题，发展节水灌溉技术以降低作物耗水、提高水分利用效率对保障粮食稳产至关重要(Wang et al.，2019)。传统农业生产中，为满足冬小麦各个时期的生理需水，生产中通常进行 4～6 次灌溉，总灌溉量 300～400 mm。王志敏等(2006)在河北沧州地区基于长期研究提出的 3 套节水灌溉模式(底墒水、底墒＋拔节水、底墒＋拔节＋开花水)，配合施肥管理，可有效地节约灌溉用水、提高水分利用效率和保障小麦产量。

8.3　建立健全灾害预警及防控技术体系

随着华北暖干化不断加剧，冬小麦生产将面临更加复杂的农业气象灾害，有效应对和防控农业气象灾害是应对气候变化的关键。本书第 7 章研究表明，干旱仍然是华北冬小麦生产最主要的农业气象灾害之一，且呈不断加剧趋势;华北北部冬季暖干化趋势使冬旱加剧，而由于其冬季温度较低，在温度较低年份冻旱死苗极易发生;虽然气候变暖使华北冬小麦的长寒型冻害减弱，但冬前早播旺苗，冬季气温波动大，温度骤降型冻害损失加剧。此外，由于春季气温升高，冬小麦返青期提前，拔节期气温波动。霜冻灾害发生频率增加，对冬小麦生长影响加重;气候变暖，病虫害生存环境条件改善，特别是扩大了受低温限制的病虫害分布范围，危害时间也相应延长，危害范围不断扩大。

针对气候变化背景下华北冬小麦干旱、冻害和霜冻等主要农业气象灾害发生频率增加、影响加重的新变化，建立健全农业气象灾害预报预警体系，综合"3S"、计算机和大数据等技术，在提升灾害监测、预警能力和水平,影响评估和风险管理体系完善等方面有所突破,生产中实时、准确、及时掌握灾害发展特征,将被动防御变为主动防御,以减少灾害损失;同时,根据气候变化的趋势,加强防灾、减灾、避灾和抗灾的技术研发,将冬小麦抗性品种鉴定与气候变化特征结合起来,各区域种植最适宜的抗性品种,以减少农业气象灾害带来的损失(郑大玮 等,2013)。

8.4 加强冬小麦生产过程固碳减排

冬小麦生产过程既是碳源也是碳汇,碳源主要包括作物生产过程中化肥、农药、电力、柴油等投入品生产形成过程中的碳排放,农田土壤呼吸碳排放,以及秸秆焚烧碳排放;碳汇主要包括作物自身生长碳呼吸、农田土壤固碳和秸秆还田的固碳效应(Lal,2001,2004;Ravishankara et al.,2009;佘玮 等,2016)。在当前全球温室效应加剧和国家"双碳"战略目标的大背景下,冬小麦生产过程的固碳减排是科学应对气候变化的重要组成部分。

1978—2009 年,华北平原粮食作物生产系统碳足迹由 292.68 kg C·hm^{-2} 增加到 467.99 kg C·hm^{-2},平均增长率为 5.66 kg C·hm^{-2}·a^{-1},主要由化肥、灌溉、机械、人工、种子和农药的碳足迹构成,其中化肥与灌溉分别约占总量的 1/3。华北冬小麦生产单位面积的碳足迹和产量碳足迹分别为 2248 kg C·hm^{-2} 和 0.476 kg C·kg^{-2},碳成本远高于当地玉米,这主要是由于其灌溉耗电。华北粮食作物生产系统固碳量也呈增加趋势,由 1978 年的 1778.91 kg C·hm^{-2} 增加到 2009 年的 4609.02 kg C·hm^{-2},年均增加量为 91.29 kg C·hm^{-2},其经济产量、秸秆和根的固碳量分别占总固碳量的 38.77%、43.19% 和 18.04%(佘玮 等,2016)。

因此,从减少碳排放的角度,华北冬小麦生产可通过提高灌溉效率与肥料利用效率来实现区域生产碳成本的降低,如通过改良作物品种、采取水肥一体化以及秸秆还田措施(徐驰,2020)、合理减氮以及减氮与秸秆还田相结合(常乃杰,2020;Li et al.,2021),以及在氮肥管理中添加硝化抑制剂或将尿素改为控释肥(韩笑,2018)等方式可在保障冬小麦产量的同时不同程度减少农田温室气体排放,是冬小麦生产过程中应对气候变化和固碳减排的有效措施(Kan et al.,2021)。此外,相较于传统耕作和翻耕,免耕措施可有效减小温室气体排放速率、减少劳力、能源和时间投入,降低冬小麦生产过程中的碳成本(张宇 等,2009;Zhang et al.,2015a)。结合耕作方式进行田间管理措施优化可大幅度提升冬小麦固碳减排空间,华北冬小麦—夏玉米轮作体系中实行全量秸秆还田+平衡施氮+免耕的管理模式可以在确保高产的基础上,比常规的农田管理模式降低 42.7% 的氮肥和 16.2% 的灌溉水投入,同时分别提高 69.0% 和 8.5% 的土壤有机碳和无机碳库水平,并降低 32% 的温室气体总排放和 80% 的净温室效应(韩笑,2018)。

在固碳方面,应继续提高冬小麦生产过程中的区域固碳能力,如加强抗逆研究与成果应用,通过加强抗逆种质资源,特别是抗旱种质资源的挖掘,培育和推广抗旱高产品种;加强抗旱栽培技术研究及其推广力度,包括节水、保水、蓄水技术,以提高作物单产,实现固碳减排。提高碳生产效益,如推进冬小麦—夏玉米生产体系的全程机械化进程,完善农田全程机械化周年高产技术集成、作物秸秆还田配套耕作机械及种植方式、栽培耕作技术等,以提高冬小麦生产的碳汇功能。提高采收后碳利用效率,通过启动实施国家秸秆成型燃料产业示范工程、采取财政补贴措施引导农户使用秸秆成型燃料和适当降低秸秆成型燃料企业补贴的政策门槛等方式,快速壮大生物质能源这一新型产业的发展,促进秸秆能源化,提高农业生产固碳减排效率。

8.5　政策支持与农民应对气候变化意识的强化

适应和减缓气候变化政策制定,是保持和稳定未来农业生产的根本保证和战略需求(潘根兴 等,2011)。在华北大力开展以节水为中心的农田水利基础建设,特别是关注水利工程、水土保持等生态环境保护工程的建设,调整和优化水资源配置,围绕冬小麦生产中灌溉水利用效率和可持续利用的资源环境问题制定政策,统筹城乡发展,建设一批高标准农田,完善冬小麦灾害风险管理机制,综合提升区域应对气候变化的能力(郑大玮 等,2013)。同时,国家在政策方向上应重视农业温室气体排放与管理,在宏观层面强化农业净零碳排放在应对气候变化中的重要性,为实现国家的"双碳"目标贡献力量。

华北农业生产主要为小农户种植模式,农民是农业生产的直接参与者。因此,加强面向农民的气候变化影响与适应的科普宣传和政策引导,强化其应对气候变化的意识,同时强化"产学研"结合,促进应对气候变化科学与技术研究的实际落地与应用推广,使农民在品种选择、田间管理、技术升级等方面有效地开展应对气候变化行动。

参 考 文 献

常乃杰,2020. 气候变化背景下施肥管理措施对环渤海区域主要粮食作物产量和固碳减排的影响[D]. 北京:中国农业科学院.

韩笑,2018. 农田管理措施对土壤碳库和温室气体排放的影响[D]. 北京:中国农业大学.

潘根兴,高民,胡国华,等,2011. 应对气候变化对未来中国农业生产影响的问题和挑战[J]. 农业环境科学学报,30(9):1707-1712.

余玮,黄璜,官春云,等,2016. 我国主要农作物生产碳汇结构现状与优化途径[J]. 中国工程科学,18(1):114-122.

王志敏,王璞,李绪厚,等,2006. 冬小麦节水省肥高产简化栽培理论与技术[J]. 中国农业科技导报,8(5):38-44.

徐驰,2020. 气候变化对华北农田粮食生产和净温室效应的影响及其适应技术[D]. 北京:中国农业科学院.

杨晓光,李勇,代姝玮,等,2011. 气候变化背景下中国农业气候资源变化Ⅸ. 中国农业气候资源时空变化特征[J]. 应用生态学报,22(12):3177-3188.

张福锁,王激清,张卫峰,等,2008. 中国主要粮食作物肥料利用率现状与提高途径[J]. 土壤学报,45(5):915-924.

张海林,陈阜,秦耀东,等,2002. 覆盖免耕夏玉米耗水特性的研究[J]. 农业工程学报,18(2):36-40.

张宇,张海林,陈继康,等,2009. 耕作方式对冬小麦田土壤呼吸及各组分贡献的影响[J]. 中国农业科学,42(9):3354-3360.

郑大玮,李茂松,霍治国,2013. 农业灾害与减灾对策[M]. 北京:中国农业大学出版社.

ACEVEDO M,PIXLEY K,ZINYENGERE N,et al,2020. A scoping review of adoption of climate-resilient crops by small-scale producers in low- and middle-income countries [J]. Nature Plants,6:1231-1241.

FAO,2013. Food and Agriculture Organization of the United Nations [M]. Climate-Smart Agriculture:Sourcebook. Rome:FAO.

GUO J H,LIU X J,ZHANG Y,et al,2010. Significant acidification in major Chinese croplands [J]. Science,327(5968):1008-1010.

KAN Z R,HAN S W,LIU W X,et al,2021. Higher sequestration of wheat versus maize crop carbon in soils under rotations [J]. Environmental Chemistry Letters. doi. org/10. 1007/s10311-021-01317-5.

LAL R,2001. Sequestering carbon in soils of agro-ecosystems [J]. Food Policy,36:S33-S39.

LAL R,2004. Soil carbon sequestration impacts on global climate change and food security [J]. Science,304 (5677):1623-1627.

LI X S,QU C Y,LI Y N,et al,2021. Long-term effects of straw mulching coupled with N application on soil organic carbon sequestration and soil aggregation in a winter wheat monoculture system [J]. Agronomy Journal,113(2):2118-2131.

RAVISHANKARA A R,DANIEL J S,PORTMANN R W,2009. NITROUS oxide (N_2O):The dominant ozone-depleting substance emitted in the 21st century [J]. Science,326(5949):123-125.

WANG J X,YANG Y,HUANG J K,et al,2019. Adaptive irrigation measures in response to extreme weather events:Empirical evidence from the North China plain [J]. Regional Environmental Change,19:1009-1022.

ZHANG H H,YAN C R,ZHANG Y Q,et al,2015a. Effect of no tillage on carbon sequestration and carbon balance in farming ecosystem in dryland area of northern China [J]. Transactions of the Chinese Society of Agricultural Engineering,31(4):240-247(8).

ZHANG H L,ZHAO X,YIN X G,et al,2015b. Challenges and adaptations of farming to climate change in the North China Plain [J]. Climatic Change,129:213-224.

ZHANG X,HAN S,YAO H,et al,2004. Re-quantifying the emission factors based on field measurements and estimating the direct N_2O emission from Chinese croplands [J]. Global Biogeochemical Cycles,18(2): GB2018.